你不可不知道的經典名鞋
及其設計師

A Celebration of Pumps, Sandals,
Slippers & More

Shoes

給女孩一雙好鞋，她就能征服全世界。
鞋子是改變生命的力量，是擺脫過去、投身未來的叩門磚。
本書搜集600多雙經典鞋款！每一雙都是時尚女王必備的典藏。

琳達·歐姬芙 LINDA O'KEEFFE 著　黃詩芬 譯

國家圖書館出版品預行編目資料

你不可不知道的經典名鞋及其設計師／琳達‧歐姬
芙（Linda O'Keeffe）著 黃詩芬 譯─台北市：
高談文化，2006〔民95〕
　　面；　公分
　　ISBN 986-7101-02-2　（平裝）
　　1.鞋

423.5　　　　　　　　　　　　　　94025220

Fashion 03

你不可不知道的經典名鞋及其設計師

作　者：琳達‧歐姬芙（Linda O'Keeffe）
譯　者：黃詩芬
發行人：賴任辰
總編輯：許麗雯
主　編：劉綺文
美　編：陳玉芳
企　劃：謝孃瑩
發　行：楊伯江
出　版：高談文化事業有限公司
地　址：台北市信義路六段76巷2弄24號1樓
電　話：（02）2726-0677
傳　真：（02）2759-4681
http://www.cultuspeak.com.tw
E-Mail：cultuspeak@cultuspeak.com.tw
郵撥帳號：19884182 高咏文化行銷事業有限公司
製版、印刷：卡樂彩色製版印刷有限公司（02）2883-4213
圖書總經銷：凌域國際股份有限公司
　　　　　電話：(02)2298-3838
　　　　　傳真：(02)2298-1498
行政院新聞局出版事業登記證局版臺省業字第890號

目錄

IX. ART & SOLE:ONE-OF-A-KIND SHOES

藝術與鞋跟：獨一無二的鞋子

究竟是鞋子成為藝術作品，或是藝術表現在鞋面上？本單元展示世界
上最具創意與想像力的鞋子。

推薦序

鞋子的永恆魅力

訴說不盡的纏綿悱惻與深情愛戀

　　當菲律賓前總統夫人伊美黛（Imelda Marcos）倉惶飛離馬尼拉時，不得不將她的3000雙名牌鞋留在總統官邸裡。哇！3000雙名鞋，多麼驚人！女人對鞋子的欲求究竟有多強烈？然而，伊美黛絕對不是唯一一個愛鞋成癖的女人。君不見當紅的《慾望城市》（Sex and City）電視劇裡，凱莉對Manolo Blahnik名鞋的繾綣深情與癡迷愛戀，簡直比她跟Mr. Big的愛情故事還要纏綿悱惻；而歌手碧昂絲（Beyoncé）更把她對Jimmy Choo名鞋的滿腔愛憐的情愫，統統寫進她的歌裡，聲聲詠歎不已。

　　「從頭看到腳，風流往下落」。每一位時尚女性都非常明白，一雙靚鞋具有多大的媚惑威力！1999年，美國在一項調查統計中指出，平均每位成年女性擁有大約30雙鞋，而這個數字是男性的兩倍！雖然，類似的大規模調查，在中港台地區尚未有正式的調查報告出現，但

我相信，其成績也會是相當可觀的。然而截至目前為止，市場上專業談論鞋子的中文書籍，依然跟廣大的愛鞋人口不成正比。現在有了《你不可不知道的經典名鞋及其設計師》這本書，我相信對發揚女仕們的「愛鞋文化」的確大有裨益。

這本書共搜羅了六百多雙經典名鞋，有系統的介紹各種鞋類，包括：涼鞋、便鞋、包鞋、拖鞋、休閒鞋、高跟鞋、靴子、厚底鞋⋯⋯等等。知名的女鞋研究者William Rossi曾說過：「每一季令人眼花撩亂的新鞋，總不出這幾大類。」 更特別的是，書中還選錄了咱們老祖宗的鞋子──「三寸金蓮」，它的作工細緻精巧、造型繽紛多變，加上過去文人雅士們對「三寸金蓮」的隱喻書寫，更增添了另一種知識的趣味。《經典名鞋及其設計師》並述及各種名牌鞋款設計師的出身、代表作、創作元素，以及他們奮鬥過程的艱辛和成長。通常時尚雜誌會告訴我們的，只有這一季的新款和搭配樣式，但是《經典名鞋及其設計師》則深入探索每一種鞋款的淵源，乃至它演變至今的社會、心理背景；往往這一季的新款名鞋，其創作靈感恰巧是借鏡了一百年前某位設計師的經典作品。即使像我這樣累積多年買

鞋、賣鞋、製鞋經驗，而且從事時尚女鞋零售的專業人士，書中的吉光片羽，仍不時地給我許多啓發。

　　兩年前，我離開了工作多年的Chanel大中國地區總經理的職務，在臺灣寶成鞋業的支持下，投入廣大的中國女鞋零售市場，引進義大利的設計，成立 Aee 「愛意」精品女鞋。過去的工作範疇專注於零售的規劃、行銷和銷售，涵蓋整個「零售價值鏈」的後半段；然而新的工作，還要再加上價值鏈前半段最重要的 branding工程。從產品的設計、生產、後勤……等等流程，完整的工作內容，對我來說，極具挑戰性。其間雖然也碰到過許許多多意想不到的困難，所幸都能順利化解、開展。現在，Aee 「愛意」以上海和北京二大城市為中心，將經營範圍輻射至東北、華北、華中、華南、西南各省，在中國市場已經擁有超過60家店，以兩年不算長的時間來看，從無到有，也算小有成績。

　　就國際製鞋產業的角度來看，義大利的製鞋工藝雖然是全球數一數二，但以台灣製鞋的工藝水平、設計素養、美學概念和零售價格來看，都頗具國際競爭力，很有機會能在國際市場上嶄露頭角。只可

惜長期以來，台灣的製鞋產業還脫離不了以代工生產為主的經營模式，總是為人作嫁的多，當然不易在全球市場上闖出名號。

過去在法國精品公司薰陶多年的工作經驗，讓我一直希望能借鏡歐洲精品業獨到的行銷know-how，為大中國地區的製鞋產業，建立一個具有國際水準的優異品牌。別人看來這也許有點「唐吉訶德」式的天真浪漫，不過看看《經典名鞋及其設計師》這本書裡的設計師名牌，每一個不也都是「行遠必自邇」、逐步成功的嗎？我經常以本書中的成功典範自勉，也期望能與所有的同業相互惕勵。期待本書的問世，能為兩岸的製鞋產業，注入美學經濟的新元素，走出我們自創品牌的新契機，傳遞屬於鞋子的永恆魅力。

Chanel大中國地區 前總經理
Reebok銳步中國區 總經理
AEE 愛意精品女鞋 總經理

李芳

2006年 元月二日

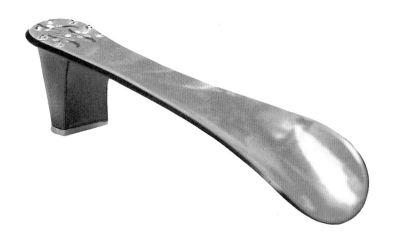

INTRODUCTION
前言

每一雙鞋都是一個全新的開始，是通往浪漫與興奮的旅程。每一個小女孩都聽過灰姑娘的故事，她們相信鞋子擁有改變自己生命的魔力。「每個女人都自覺或不自覺地渴望著浪漫。」鞋類設計師史都華‧魏茲曼（Stuart Weitzman）如是說。

鞋子是改變的力量，是可以擺脫過去，並且投身未來的叩門磚。在漫長的歷史裡，女性的鞋子通常都隱身在黑暗中不見天日，被遮蔽在仕女們的襯裙、篷裙或圓裙的下襬裡。鞋子是女性的裝扮裡最私密的部分之一，但諷刺的是，它們曾經也仍然是最被忽視的。眼睛可能是靈魂之窗，但是鞋子可是精神之門。

從陽具的象徵到收藏祕密的容器，心理學家發現鞋子隱藏了廣泛的象徵意義。有人說喜歡收集鞋子的女人是失意的旅人；也有人說她是在象徵性地尋找啟蒙。一雙新鞋時尚評論家荷莉‧布若巴哈（Holly Brubach）說：「也許不能治療一顆破碎的心或是緩和強烈的頭疼，」「但是它們可以減輕不適的症狀，並且趕走憂鬱。」即使最不愛慕虛榮的女人，也曾經將整週的薪水拿來換一雙無法抗拒的、心愛的鞋子。

Susan Bennis Warren Edwards，1995年。

事實上，美國女人平均擁有至少三十雙鞋子，狂熱的收集者甚至擁有數百雙鞋。當一個女人面對她所喜愛的鞋型所推出的新款式，標準作法就是實踐每個鞋迷耳熟能詳的那句話——當妳找到心愛的鞋子，每種顏色各買一雙。因為即使妳的身體令妳失望，妳的腳仍然能夠提振妳的靈魂。「人的腳不會變胖或變瘦，」這是莎拉·凡斯（Sara Vass）的觀察，她是一位擁

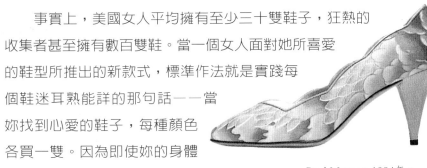

Paul Mayer，1984年。

有超過五百雙鞋的收藏家：「妳如果胖了幾磅，可能會擠不進最喜歡的那條褲子裡，但妳一定可以繼續穿妳最愛的那雙鞋。」鞋子的魅力不僅在於實用，更在於擁有與收藏。這是為何女性常穿的只有那幾雙鞋，卻繼續不停地買鞋。這也是在鞋子已經不能穿以後，女人仍捨不得拋棄鍾愛的鞋子的原因。

鞋子一向能反映出穿戴者的社會地位以及經濟狀況。十九世紀初期的貴族婦女穿著輕薄如紙的錦緞便鞋，這種鞋的鞋底如此細緻，連在室外多走幾步路都會破損。但同時，她們的女僕卻得則穿上結實的黑色皮靴做粗重的工作。羅馬皇族穿黃金鞋底的涼鞋；路易十六的宮廷穿紅色跟的無繫帶舞帶（包鞋），以及當代的Gucci平跟帆船鞋，它們同為階級與財富的表徵。

法國，18世紀。

鞋子不僅反映社會歷史，也是個人生命的紀錄，是喚起某個時期、某個地區或是某種感情的媒介。鞋子因其使用的時機而成為定格時光的信物，它能夠保存過去，觸動有如照片般鮮活的記憶——孩子第一雙小鞋子的蓬勃朝氣，令人永難忘懷；婚禮上那雙高跟鞋所負載的甜蜜氣息，也一併被收藏到鞋盒裡。

François Pinet，1870年。

　　新鞋子有一股無法形容的魅力，釋放了私密而豐富的幻想。我們和某一雙美麗的鞋子一見鍾情，為鞋跟的弧度或鞋弓性感的線條所引誘。充滿挑逗氣息的鞋弓有一種奇異的力量；而鞋面上裝飾性的霧面串珠，看起來似乎真的可以食用；有些鞋子上面刺繡的渦紋，也為鞋子增加了致命的吸引力。購鞋的衝動與實際的需求其實並不相干，把腳伸進一雙新鞋裡，從此開始扮演一個新角色，那種興奮與戰慄傳到心底，刺激

André Perugia，1950年。

了購鞋的慾望。舊鞋子可能提供確定性與安全感，但它的魔力已然消褪。熟悉必然產生單調與厭煩，當鞋子開始變舊變舒服，它立即失去了不可思議的特質。

維多利亞時代婚禮上所穿的喜宴鞋。

當我們談起鞋子，實用性與舒適性即被拋到九霄雲外。這也許是為什麼88％的女性會買比自己實際尺碼小一號的鞋子。鞋子可能時髦風雅而且極端美麗，但卻並不那麼舒服。它們經常不像手套那樣密切包覆肌膚，或是不與腳的自然輪廓一致，但這真的不是重點。服裝設計師黛安娜‧凡‧佛斯坦堡（Diane von Furstenberg）自己也承認：「妳低頭看妳的雙足，然後對妳自己眨眨眼。」

因此，在幻想與現實的接軌處，女人毫不遲疑地選擇了輕佻而非舒適。當然舒適的念頭還是會浮現（畢竟沒有人真的喜歡拖著痛腳走路），但在她的心裡，女人渴望的是性感的高跟涼鞋。實用的鞋子可以讓女人得到尊敬，但高跟鞋卻誘發愛慕。勃肯鞋（Birkenstock）可能讓妳大獲解放，但Manolo Blahnik卻能帶妳去冒險。

Manolo Blahnik，1980年代。

製鞋小百科 THE MAKING OF A SHOE

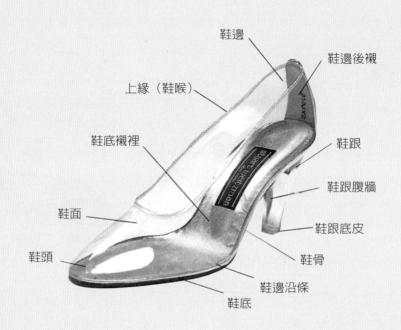

鞋邊

鞋邊後襯

上緣（鞋喉）

鞋底襯裡

鞋跟

鞋跟腹牆

鞋面

鞋跟底皮

鞋頭

鞋骨

鞋邊沿條

鞋底

　　一雙鞋子從製造到完成，至少需要一百道手續。第一步同時也是最重要的一步，是要製造鞋楦，這是以手工雕刻的木頭，或依照人的足部模型射出的塑膠所製成。這個製程決定了鞋弓的輪廓，以及穿戴者如何將全身的重量平均分布在足掌。對於穩定性及舒適性而言，兩者都有絕對的影響。

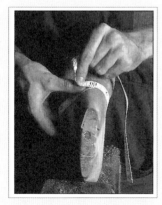

已經雕好、測量並且打磨的鞋楦，以複製人的腳型。

不論是手工訂製或大量製造的產品，不同的鞋型設計需要不同的鞋楦。製造鞋楦需要嫻熟的技巧以及對於時尚的敏感度。製造鞋楦的師傅從一枚單一的腳印，勾出人體重量分布的35個點後，他判斷腳趾的對稱性，測定腳背的周長及腳跟的落點，並且計算大姆趾的高度以及腳背的輪廓。他也必需估算人的腳在這雙鞋中如何移動。

製造鞋楦的師父所面對的挑戰，是要滿足這些數據的要求，同時卻無損於鞋子本身的結構之美。至於有跟的鞋子，他還得目測鞋跟的重量，然後依比例決定鞋喉的尺寸。接著決定的是鞋邊的適當高度：太高的鞋邊會摩擦足腱，太低的鞋邊無法完全抓住腳背。製鞋合腳與否的關鍵在於鞋骨曲度，這個區域包括了腳跟與腳背，因為這是身體移動的時候，人體的重心所在。

九種流行的鞋頭款式的鞋楦，依照年份、樣式與鞋楦編號進行識別。

然後，以這個鞋楦為主，其他的製鞋夥伴裁剪出鞋子的鞋幫與內襯，將邊緣裁成斜角以確保貼合，並將鞋面縫合在一起。然後他得製造一個鞋頭，加上鞋邊後襯（為鞋後踵加固的襯料）以及套上皮革，讓它吻合鞋楦的線條。一位專精的工匠會仔細地校準鞋幫貼在鞋楦的最好位置，並且在釘上去之前儘量繃緊皮面。在加上鞋底與鞋跟之前，鞋幫得在鞋楦上風乾兩週。

　　最後一步是修剪沿條、削鞋跟、磨光鞋底，並加上鞋底的襯裡。最後但並非最不重要的工作，則是擦亮並且磨光鞋面──這雙鞋就可以穿了！

André Perugia，1928年。

I. THE SHOE MUST GO ON: THE SANDAL

從遠古到未來：
涼鞋

看看涼鞋簡單的構造，就知道它能成為最先被精工細造的鞋，從遠古一脈相傳

西元前2000年埃及工人階級的涼鞋。

至今，著實不足為奇。每個古老文明似乎都出現過涼鞋設計的基本款，通常都是僵硬的鞋底配上皮帶或其他材質的繫帶。在西元三千五百年前，埃及人在濕沙子上留下足跡，並以紙莎草編結的帶子，比對纏結出尺寸符合的鞋底，再繫上生皮製成的皮帶，就成了可以穿在腳上的涼鞋。事實證明這個方式相當管用，這些涼鞋保護雙足不需直接接觸到粗礪的地面與焦炙的沙土，卻又讓雙足幾乎完全暴露，沒有任何遮護——埃及女人即充分利用這項特質，以珠寶裝飾雙足。羅馬皇族女性所穿的涼鞋，鞋底是用黃金融鑄，繫帶上以稀有的寶石密密麻麻地裝飾，時時閃閃生輝。它的效果令人昏眩，並且毫無疑問地性感無比。

一雙已有3500年歷史的棕櫚葉編涼鞋，來自埃及古都提比斯（Thebes）

日本人也有編織的涼鞋，名字是「zori」（草履）。波斯人與印度人雕出平底的夾腳涼鞋，而非洲人則以彩色的無光皮革，縫製便於穿脫的涼鞋

19世紀印度的夾腳涼鞋，鞋底製成足印的外形。

款式。稍後，斯拉夫人以毛氈製涼鞋，西班牙人以繩索製鞋。即使是英國人，無視於當地寒冷潮濕的天氣，他們也穿上來自地中海的入侵者所引進的涼鞋款式。但這些版本，都與它們遠古的埃及金製始祖大為不同。

有姆趾環的印度涼鞋，1980年。

儘管大部分的鞋子都洩露出穿戴者身分地位的線索，但涼鞋卻是兩極化的象徵——威望與貧窮，貞潔與風騷。樸素的木製涼鞋在中世紀是窮人與謙卑者的穿著，中世紀的教士與聖方濟會的僧侶穿著它們，以做為一種摒棄俗世繁華的象徵。

Ferragamo 的雙色平底涼鞋，讓腳看起來更迷人。

在退出流行舞台超過一千年後，1920年代涼鞋再度重整旗鼓，並在加上鞋跟以後，再度引領風騷。感謝薩爾瓦多·費拉加莫（Salvatore Ferragamo）發明了金屬鞋弓支撐（鞋骨），穿著有跟的鞋子走路時，再也不需要以鞋頭做為煞車裝置。

在二〇年代末期，新近被解放的腳趾頭擦上鮮紅的指甲油，從高跟涼鞋裡露出來；纖細的繫帶涼鞋，展示了整雙美足。

瑪諾羅·布拉尼克為了他的躲貓貓（peekaboo）高跟涼鞋，選擇了俏皮的直紋與小羊皮內襯的麂皮為材料。

迪斯可涼鞋，1976年。

整個六〇年代，隨著符合足部健康工學要求的勃肯鞋（Birkenstock）出現，涼鞋再度變得平底與腳踏實地。但到了七〇年代，這一類的休閒涼鞋，又被鮮艷的蛇紋與鑲嵌珍珠的皮革製高跟迪斯可鞋趕出時尚圈外。放蕩與俗艷的迪斯可樣式，讓涼鞋得到低俗的風評。端賴設計師如莫德·弗列松（Maud Frizon）、瑪諾羅·布拉尼克（Manolo Blahnik）以及貝妮斯·愛德華斯（Bennis Edwards）的巧手慧心，以包覆腳趾卻不減性感的優雅設計，讓涼鞋在八〇年代去除了污名。這些設計師讓我們看到埃及涼鞋的真諦——設計良好的涼鞋可以強調雙足與生俱來的性感，讓穿戴者的魅力全開，直達腳趾。

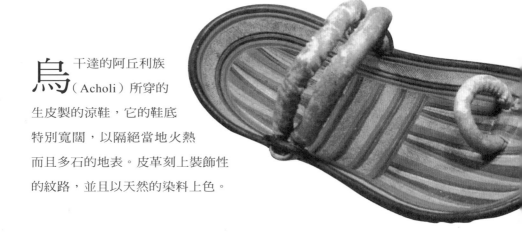

烏干達的阿丘利族（Acholi）所穿的生皮製的涼鞋，它的鞋底特別寬闊，以隔絕當地火熱而且多石的地表。皮革刻上裝飾性的紋路，並且以天然的染料上色。

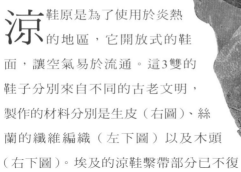

涼鞋原是為了使用於炎熱的地區，它開放式的鞋面，讓空氣易於流通。這3雙的鞋子分別來自不同的古老文明，製作的材料分別是生皮（右圖）、絲蘭的纖維編織（左下圖）以及木頭（右下圖）。埃及的涼鞋繫帶部分已不復存，判斷應該是紙莎草的編織品。

秘魯，西元6世紀。

埃及，西元2500年前。

美洲原住民，
史前時代。

非洲人在製造涼鞋前，
傳統上都會先把皮革在
牛糞中泡軟，然後保
存在層層水筆仔的
樹皮中。

烏干達，1890年代。

歴史久遠的夾腳涼鞋，最先源出於近東。由於印度教禁用牛皮，印度涼鞋的材質是木頭，有時候會覆上一層作工精細的銀。

印度，19世紀。

西方夾腳涼鞋的款式首度在六〇年代大為流行，靈感則來自太空時代的科技。這雙瑪諾羅‧布拉尼克的夾腳涼鞋，以透明的塑膠鞋背讓雙足看來赤裸，並且將焦點放在腳趾上。

Manolo Blahnik，1992年。

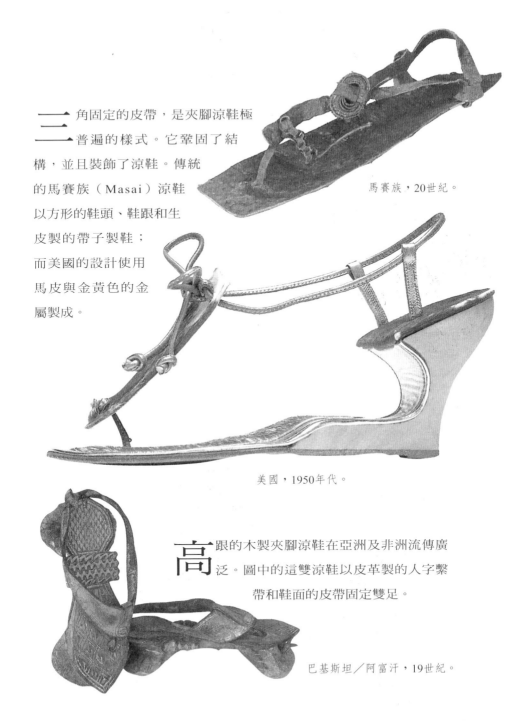

三角固定的皮帶，是夾腳涼鞋極普遍的樣式。它鞏固了結構，並且裝飾了涼鞋。傳統的馬賽族（Masai）涼鞋以方形的鞋頭、鞋跟和生皮製的帶子製鞋；而美國的設計使用馬皮與金黃色的金屬製成。

馬賽族，20世紀。

美國，1950年代。

高跟的木製夾腳涼鞋在亞洲及非洲流傳廣泛。圖中的這雙涼鞋以皮革製的人字繫帶和鞋面的皮帶固定雙足。

巴基斯坦／阿富汗，19世紀。

生於摩洛哥的約瑟夫・安沙葛瑞（Joseph Azagury）以流暢的線條，設計簡單而性感的涼鞋而知名，左圖這雙後跟繫皮帶的涼鞋，就是一個例子。安・克蓮（Anne Klein）以腳趾間加縫一朵玫瑰花的手法，讓涼鞋的基本款更加精緻。下面這雙非洲的平底人字夾腳涼鞋的鞋底，提供了一個理想又隱密的場所，以進行裝飾或廣告。

Joseph Azagury，1990年代。

Anne Klein，1990年代。

埃及人與羅馬人在他們涼鞋的鞋底畫上敵人的頭像，以象徵他們可以將敵人踩在腳下。

西非，1990年代。

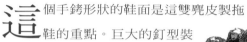

彩色的印度皮製涼
鞋（Chappal），是在
炎熱的印度村莊沙地上穿的，它以
功能性為主要設計考量：蓬大絨毛的鞋
頭可以保護腳趾，而狹窄的鞋身開口，讓穿
的人可以很容易就清除鞋內的砂石。

巴基斯坦，20世紀。

這個手銬形狀的鞋面是這雙麂皮製拖
鞋的重點。巨大的釘型裝
飾，又在鞋底的前緣重覆使用，
讓整隻鞋看起來有點像拖船。

Steven Arpad，1950年代。

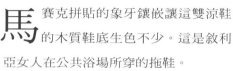

馬賽克拼貼的象牙鑲嵌讓這雙涼鞋
的木質鞋底生色不少。這是敘利
亞女人在公共浴場所穿的拖鞋。

敘利亞，1900年。

從遠古到未來：涼鞋　**21**

這雙來自玻利維亞高原的正式涼鞋，是兩種文化混合折衷的結果。它的古老外形與銀製的兀鷹鞋扣是當地印地安人的傳統；而時尚的鞋跟與厚底，則是西班牙式的。

玻利維亞，20世紀初期。

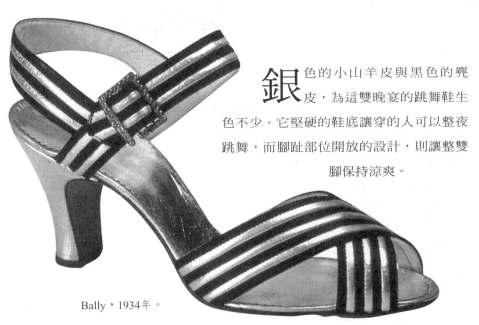

銀色的小山羊皮與黑色的麂皮，為這雙晚宴的跳舞鞋生色不少。它堅硬的鞋底讓穿的人可以整夜跳舞，而腳趾部位開放的設計，則讓整雙腳保持涼爽。

Bally，1934年。

頂尖的製鞋者大衛‧艾文（David Evins）讓妖嬈、魅惑、極端女性化的鞋子，重回五〇年代的舞台及銀幕。他為蓮娜‧霍恩（Lena Horne，1917年出生的美國爵士黑人女歌手與女演員）設計了圖中這款覆蓋著珍珠的緞面涼鞋。

David Evins，1962年。

名流的鞋子不僅在時尚圈造成一時的風潮，有時甚至會被擁戴者將之提升至紀念聖物的地位。右圖這雙絅帶式的晚宴鞋是伊麗莎白‧泰勒所帶動的流行。左圖這雙裝飾華麗的楔形高跟涼鞋，是拉娜‧透納（Lana Turner）在1955年所主演的《浪子》（Prodigal）片中所穿的鞋子。

Halston，1980年代的作品。

美國，1950年代。

裸露的肌膚與金屬飾品的搭配，一直都讓人覺得很冶艷。史都華‧魏茲曼在軟木材質的鞋幫上掛了一串金製的小飾物，而下圖，安沙葛瑞則為他的羅馬式涼鞋裝飾了金鏈。

Stuart Weitzman，1995年。

希臘的神話中，愛神阿芙蘿黛蒂（Aphrodite）的雕像通常都是全裸的，身上只穿了一雙涼鞋。

Joseph Azagury，1990年代。

設計大師
安德烈 · 佩魯吉亞

ANDRÉ PERUGIA

在瑪諾羅 · 布拉尼克或羅勃 · 克雷傑利
（Robert Clergerie）之前，安德烈 · 佩魯吉亞
（André Perugia）已經活躍於時尚界，他是
第一位設計「名流鞋」的設計師。他於1893
年出生於尼斯（Nice）一個製鞋家族，很早
就在這方面顯露過人的天分。16歲時，他開
了自己的製鞋舖，業界新星就此誕生。他引進新形的鞋跟與鞋面
的設計，在藝術性、創新以及價格上，都遠遠地超越了他父親所
製做的實用款式。對於佩魯吉亞而言，價錢從來都不是問
題：「全世界最富有的女人付我錢不是要我做一
雙難看的鞋子。」他這句話流傳一時。

1930年設計的立體
主義派涼鞋。

這種對美的追求，是安德烈 · 佩魯吉亞一
生的目標，他讓訂做的無帶輕便舞鞋（包
鞋）以及涼鞋成為時尚，樣式包括
鑲珠寶的蛇紋、紫色麂皮、金鏈以
及鑲珍珠的蜥蜴皮，可說應有盡
有。上流社會的女人群集在蔚藍海
岸（French Riviera）過冬，不但

這雙1920年代製作的麂皮涼鞋，
以性感的阿拉伯數字「8」字形的
繫帶纏綿地繞在腳踝上。

1951年佩魯吉亞在十萬雙鞋中
找尋合適的鞋的畫面。

為了佩魯吉亞的鞋子而傾倒，也為他這位英俊、紳士派頭迷人的小個子男人而迷醉。後來他與舉世聞名的裁縫師保羅·波赫（Paul Poiret）聯手，攀上了事業的最高峰。第一次世界大戰末期，波赫雇用了年輕的佩魯吉亞為他工作。佩魯吉亞當時已經在巴黎的佛布·聖多諾黑路（Faubourg St. Honore，巴黎名品店的集中地之一）開店，他接受了這項提議。

典型的白鐵鏈涼鞋。

他的客人中有許多是女神遊樂廳（Folies Bergere，巴黎著名的歌舞夜總會）的明星以及電影女演員，她們需要能夠襯出舞台光環的華麗鞋款，而佩魯吉亞也沒有讓她們失望。他將約瑟芬·貝克（Josephine Baker，1906~1975，活躍於巴黎的傳奇黑人爵士歌手及明星）註冊商標的狹邊帽，變成加了軟襯墊的小羊皮涼鞋，並且為銀幕女神葛洛莉亞·史汪森（Gloria Swanson，1899~1983，美國女演員，曾主演

為麗妲·海華斯（Rita Hayworth，1918～1987，1940年代美國的性感女神與軍中情人，曾主演《碧血黃沙》與《封面女郎》等片。）設計的晚宴包鞋，1950年。

《紅樓金粉》、《日落大道》等片，並獲得奧斯
卡最佳女演員獎。）創造出風行一時的
黑色蕾絲鞋跟。他的訂做鞋款開始有了
個性，成為能夠勾勒出穿戴者風格特性
的配件。

完美平衡的鑽孔椎跟，1950年代。

　　佩魯吉亞一直渴望實驗新材質、形狀與結構，他持續與以
撒‧米勒（I. Miller，以製舞台上的道具鞋起家，1920~60年代在
全美開了二百家鞋類的連鎖店，普普藝術大師安迪‧沃荷也曾為
他工作。）以及後來的查爾斯‧喬丹（Charles Jourdan，1917年
成立的法國名牌鞋廠，2003年雇用英國設計師派崔克‧考克斯為
設計總監。）合作了五十年，創造出令人吃驚的原創作品。而且
他對鞋子的評論廣為人知，也因此得到天才與怪人的名聲。他曾
出版《從夏娃到麗妲‧海華斯》（From Eve to Rita Hayworth），
這是一本知名人物的心理學速寫，佩魯吉亞在書中提出一個理
論，以研究女人的雙足來揭露她隱藏的性格。當然，如果那雙腳
是裹在佩魯吉亞的涼鞋裡，觀察者很容易就可以得到結論：這個
女人不計一切代價，也要追求美麗與奢華。

船首鞋頭的涼鞋，1960年。　　狹邊帽涼鞋，1928年。　　面具涼鞋，1929年。

戰争期間實施的定量配給政策與進口限制，使費拉加莫在材質上嘗試創新。他在小山羊皮革中混合編入包裝用的細繩，製成一種令人驚喜的優雅外觀。

Salvatore Ferragamo，1938年。

戴爾曼（Delman）在九〇年代設計的有鞋面涼鞋與它同時代的表親，都有相同的高足踝繫帶。迪亞哥·德拉·華爾（Diego Della Valle）的春季果凍涼鞋系列，讓鞋子的視覺重點放在腳趾頭上。

Delman，1990年代。

Diego Della Valle，1996年。

在製鞋界，這種皮帶是所謂的比基尼樣式。下圖的赫伯特・萊文（Herbert Levine）與右圖的南希・吉蘭巴多（Nancy Giallombardo）設計了這雙讓足部盡可能裸露的迷人鞋子。

Nancy Giallombardo，1990年代。

在整個三〇及四〇年代，外出鞋露出腳趾被認為是不端莊的。

Beth and Herbert Levine，1960年代。

這是費拉加莫設計的一雙草編涼鞋，以拉非草（raffia）編成，也許是從海灘帽所得到的靈感，並以四塊軟木製成鞋跟。

Salvatore Ferragamo，1935年。

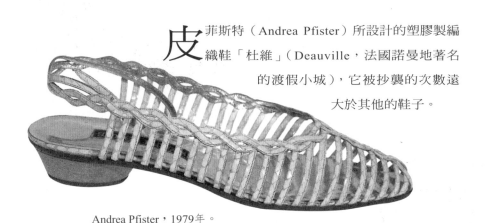

皮菲斯特（Andrea Pfister）所設計的塑膠製編織鞋「杜維」（Deauville，法國諾曼地著名的渡假小城），它被抄襲的次數遠大於其他的鞋子。

Andrea Pfister，1979年。

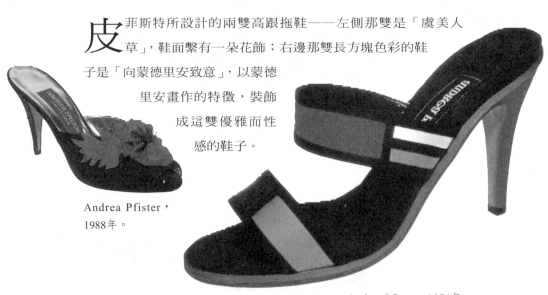

皮菲斯特所設計的兩雙高跟拖鞋——左側那雙是「虞美人草」，鞋面繫有一朵花飾；右邊那雙長方塊色彩的鞋子是「向蒙德里安致意」，以蒙德里安畫作的特徵，裝飾成這雙優雅而性感的鞋子。

Andrea Pfister，
1988年。

Andrea Pfister，1974年。

費 娥瑪·費拉加莫（Fiamma
Ferragamo）追隨父親薩爾瓦多的
腳步，身為設於佛羅倫斯的家族製
鞋企業領袖的她，設計了這雙流
行、女性化而且極舒適
的鞋子。

Ferragamo，在1990年代的作品。

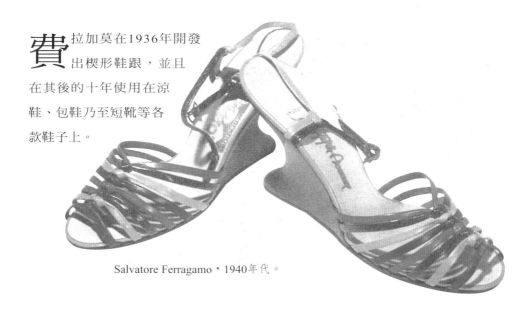

費 拉加莫在1936年開發
出楔形鞋跟，並且
在其後的十年使用在涼
鞋、包鞋乃至短靴等各
款鞋子上。

Salvatore Ferragamo，1940年代。

這雙多彩的楔形跟涼鞋，搭配了中空管的繫帶，是艾文為克勞黛‧考爾白（Claudette Colbert，1903~1996，美國銀幕蕩婦，曾主演《一夜風流》等片。）主演電影《埃及艷后》所設計的鞋款。十年後他重新修改設計，讓它成為可以實際穿上街的款式。

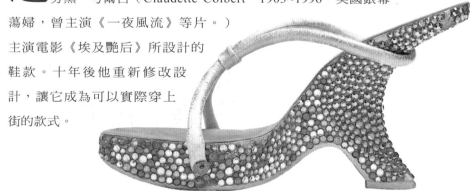

David Evins，1934年。

這種高跟而裸露的涼鞋在1950年代大為流行。羅傑‧維維耶（Roger Vivier）這雙鑲滿珠飾的設計以及寬幅腳踝繫帶，一直備受推崇。

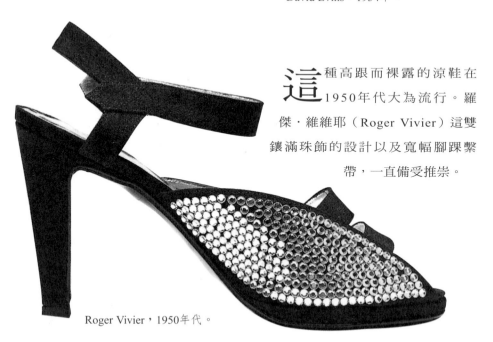

Roger Vivier，1950年代。

凡走過必留下足跡
「隱形」涼鞋

　　當第二次世界大戰終於結束，歐洲仍在配給政策的支配下，正設法找尋一個小小的放縱方式。兩位設計師克莉斯汀‧迪奧（Christian Dior）與薩爾瓦多‧費拉加莫，提供了人們在殘酷的戰爭時期只能夢想的奢侈作品。迪奧提出的是小腿長度的硬布裙子，有些是以多層的80碼長布料做成，是奢華的浪漫主義實驗品。而費拉加莫創造的「隱形」涼鞋，則提出完全不同卻一樣有力的魔法。

　　在戰爭的年代，皮革專門用在士兵的長靴上，因此製鞋人被迫使用毛氈、麻類纖維、草編與紡織品充當涼鞋的鞋面。許多製鞋師備感窘迫，但費拉加莫卻將這些限制視為創作的挑戰，並且成為許多材質使用的先驅，例如植物纖維以及糖果的包裝紙等，他將上述材質混合金線編結成繐帶，製成優雅的涼鞋繫帶。在大戰結束後的某一天，他突然在佛

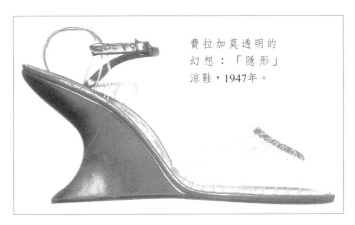

費拉加莫透明的幻想：「隱形」涼鞋，1947年。

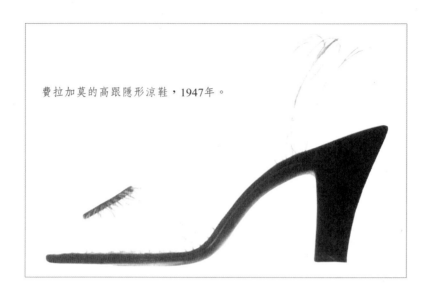

費拉加莫的高跟隱形涼鞋，1947年。

羅倫斯（Florence）的阿諾河（Arno）上觀看漁人捕魚時，靈光一現地想到尼龍的釣魚線，可以製成透明的鞋面。

為了創造隱形鞋的幻覺，他在木製的楔形鞋底上打洞，並且將內部挖空，讓腳架在上面的時候，看起來是飄浮的狀態。然後他以尼龍細繩穿過鞋底的方式編出鞋面。

受到立體派藝術的影響，費拉加莫的幻覺魔術使用了視角轉換的手法。在某種光線之下，鞋面看似完全消失；從某些角度看來，鞋跟似乎懸浮在空中。但是這雙鞋在藝術性十足與大量廣告的情況下，銷售仍然不佳。設計者認為原因在於女人覺得這隻鞋過度暴露，但有些人提出那純粹是價格使人望而卻步。在《觀看》（Look）雜誌中有一篇文章指出：為什麼要花上29.75美元來買一

雙「隱形」的鞋子？同樣的金錢，妳可以
買上四噸的煤 。

費拉加莫透明鞋面的
90年代仿冒版。

　　但或許真正的原因，是他那天才式
的幻想，對於戰後大量渴望裝飾的補償
心理而言，太過解構主義與不切實際
了。諷刺的是，貝絲‧列文（Beth
Levine）對於隱形的實驗之一──1960年代推出的無鞋面
高跟鞋，也同樣得到公眾冷淡的反應。但是另一款較
不精緻的隱形高跟涼鞋，卻在1960年代大受歡
迎。它的樣式類似拉斯維加斯秀場女郎
所穿的未來派鞋子，以有跟或是高
跟有鞋喉的設計，俗艷地以一條
假鑽綴成的帶子，襯托出鞋跟的弧形。雖然
鞋子本身幾乎是隱形的，但是卻又以過度的
裝飾暴露了一切。當然，一雙形狀肌理完美的美足以及良好
的足趾修剪，是穿這種鞋子的基本條件。

Nina，1960年代。

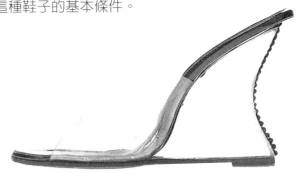

Neiman Marcus，1960年代。

貝絲・列文所製作的緞帶糖果鞋，這款優雅與波動的隱形涼鞋版本，展現了丙烯塑膠不尋常的動態表現方式。

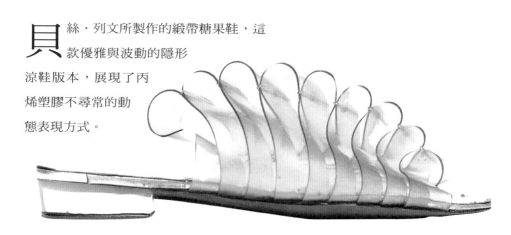

Beth and Herbert Levine，1950年代。

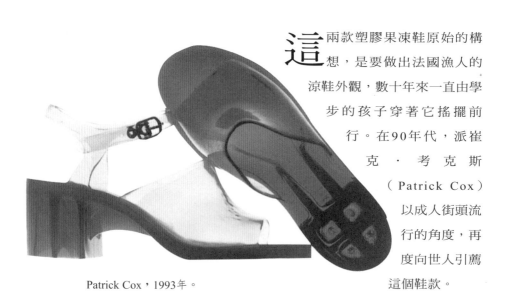

這兩款塑膠果凍鞋原始的構想，是要做出法國漁人的涼鞋外觀，數十年來一直由學步的孩子穿著它搖擺前行。在90年代，派崔克・考克斯（Patrick Cox）以成人街頭流行的角度，再度向世人引薦這個鞋款。

Patrick Cox，1993年。

你不可不知道的經典名鞋及其設計師

查爾斯·喬登（Charles Jourdan）最著名的作品，
是他那些低調與正經的鞋款。他在這雙透明涼
鞋的鞋面上綴了一串櫻桃，展現一種嬉戲的氣質。

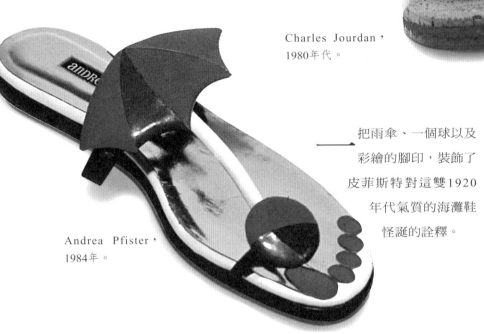

Charles Jourdan，
1980年代。

——把雨傘、一個球以及
彩繪的腳印，裝飾了
皮菲斯特對這雙1920
年代氣質的海灘鞋
怪誕的詮釋。

Andrea Pfister，
1984年。

絲質人造花讓一雙高跟涼鞋
看起來像春天的女帽。開
放式的後幫以及綁帶式的踝帶，
隱隱有著一種滑稽式的
性感。

Bernard Figueroa，1994年。

Jan Jansen，1996年。

II. HEIGHT OF FASHION: THE HEEL

時尚的高度：

鞋跟

「鞋跟是一種似是而非的悖論，」羅娜‧伯格（Rona Berg）在《哈潑時尚》雜誌上寫道：「它們可能讓女人看起來更有力，或是更柔弱。」長期穿著高跟鞋的不良姿勢將引起疼痛，並且可能產生從錘狀趾到腳弓變形等相關疾病。但是談到效果，它們就像辛蒂瑞拉的玻璃鞋般魔力無窮，賜予女人魅惑的力量。

對鞋痴而言，永恆的困境乃是發現一雙完美的鞋子，卻沒有自己的尺寸。

女人可能「笈著」便鞋、「穿上」運動鞋或「滑入」船鞋中，但她們「盛妝套進」高跟鞋裡，便開始扮演女人。從心理學的角度而言，鞋跟讓女人「領導」而非「跟隨」。一個平凡的女人就此成為高高在上的勾引者，向下俯視男人。從性的角度而言，不論她是否自覺，她可以自行選擇在男性愛慕的眼光中，成為主動或被動的一方。

以身體的自然規律而言，女人不可能穿著高跟鞋，身體還縮成一團。從解剖學來看，她的身體重心向前移了，她因此被迫要站直，擺好姿勢。她的下背拱起，脊椎和兩條腿似乎被拉長了，而且她的胸部向前挺。她的小腿與

Dried Van Noten，1995年。

Steven Arpad，1950年代。

膝蓋顯得更加有形，她的足弓似乎要從鞋中升起。

時尚評論家史蒂芬‧貝里（Stephen Bayley）如此形容高跟鞋造成的效果：「繃緊的肌腱，滿載著需要釋放的張力」。高跟鞋逼女人的腳繃得豎直，性愛研究者亞爾弗烈德‧金賽（Alfred Kinsey）形容那個姿勢猶如女性性慾勃發時的狀態：「整個足掌伸張，與腿形成一條直線。」

鞋跟的歷史隱晦不明，雖然它們一定可以回溯至史前時代。埃及屠夫穿上高跟的鞋子，好讓他們的腳得以高過滿地大屠殺的殘骸；而蒙古騎士的鞋跟，則是為了穩定地勾住馬鐙。但是鞋跟第一次登記有案的年代是1533年，原因是虛榮。當時麥第奇王朝嬌小的凱薩琳（Catherine）即將與奧爾良公爵（Duke d'Orleans）舉行婚禮，因此將鞋跟從佛羅倫斯帶至巴黎，並且馬上在法國宮廷中引起一陣騷動，女士競相模仿。

下一個世紀，歐洲女性在5吋或更高的鞋跟上蹣跚而行，必需以手杖維持平衡，方得免於跌個狗吃屎的命運。因為工人階級穿不起這種不切實際的鞋子，鞋跟成為特權者的標誌。在法國君主政體解體後，鞋跟的高度隨之降低，並不是太令人意外的事。從此鞋跟高度的升與降，皆與流行的異想天開與政治與社會禮儀的支配息息相關。

Charles Hind 的 5吋高木跟小羊皮鞋，1890年。

在19世紀中期一陣簡樸的平底便鞋風潮後，高跟鞋再一次普遍流行。雖然歐洲率先開啓了高跟鞋的新趨勢，美國也不落人後地接受了這款流行。

1888年，美國第一家製造鞋跟的工廠開張，讓愛好流行的女士，從此不用再從巴黎進口鞋子。

Bernard Figueroa，1995年。

剛剛解放的二十世紀女人，初期喜愛的是堅固與實用的鞋子。但到了1920年代，女人的裙子變短了，兩條腿大量曝露在裙外，亟需既實用又美麗的鞋子來襯搭。閃亮的鞋子搭配高跟與細繫帶，成為當代享樂主義的象徵與縮影。

總是在時尚中來來去去地循環的鞋跟，在1950年代出現鑽孔錐後，達到全新的高潮。而許多女人並不樂見細高的鞋跟在1990年代再度出現於時尚雜誌。但不論女人認為鞋跟是流行的高度，或者是荒謬的高度，她通常至少會有一雙特別的高跟鞋，藏放在衣櫃深處，好應付那些令實用鞋子束手無策的場合。

Roger Vivier，1960年。

羅傑‧維維耶以他創新形狀的鞋跟與甜美的裝飾而聞名，他以逗號跟設計了這雙裝飾了寶石的鞋子。

這雙紅色鞋跟的鞋子，在鞋面及鞋舌上覆了一層銀色的蕾絲繡花，預告了華麗而賣弄的洛可可樣式即將來臨。

在17與18世紀的歐洲，紅鞋跟是地位的表徵，只有特權階級才能穿。

葡萄牙，1695年。

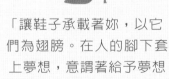

「讓鞋子承載著妳，以它們為翅膀。在人的腳下套上夢想，意謂著給予夢想實踐的力量。」——羅傑·維維耶

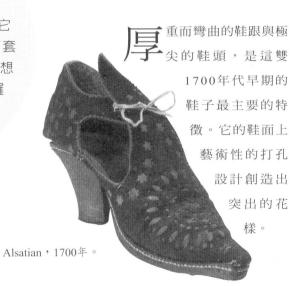

厚重而彎曲的鞋跟與極尖的鞋頭，是這雙1700年代早期的鞋子最主要的特徵。它的鞋面上藝術性的打孔設計創造出突出的花樣。

Alsatian，1700年。

圖中木屐型的鞋套被稱為木套鞋，被綁縛在細緻而脆弱的鞋子下面，以保護它們在泥濘的中世紀歐洲街頭不致弄髒。在18世紀，成套的鞋子與鞋套非常流行。

法國，1755年。

收腰的鞋跟突出了這雙絲質緞面鞋帶鞋的格紋，它鞋背上的交叉，繫在一個珠寶扣環上。

法國，1760年。

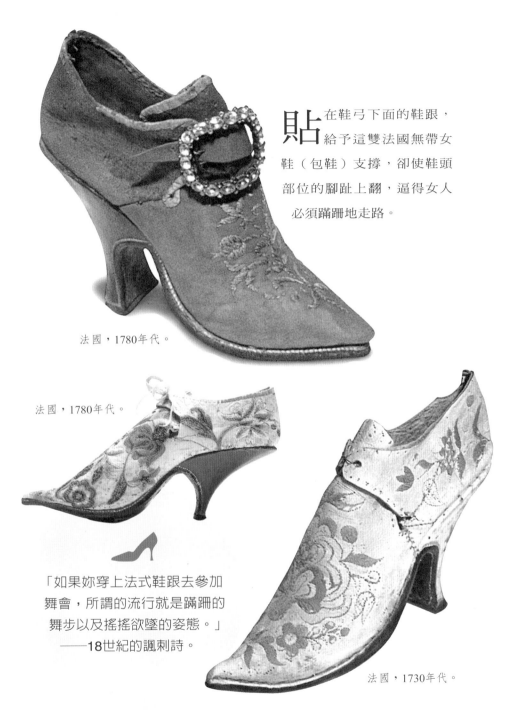

貼在鞋弓下面的鞋跟，給予這雙法國無帶女鞋（包鞋）支撐，卻使鞋頭部位的腳趾上翻，逼得女人必須蹣跚地走路。

法國，1780年代。

法國，1780年代。

「如果妳穿上法式鞋跟去參加舞會，所謂的流行就是蹣跚的舞步以及搖搖欲墜的姿態。」
——18世紀的諷刺詩。

法國，1730年代。

舊時代英國的上流社會偏愛寬而堅固的鞋跟，相較之下，歐陸的上流階級喜歡更精緻優雅的鞋跟。百年之後，英國人將他們對鞋子理性的想像，變成世界知名的精緻訂製鞋款。

英國，1730年代。

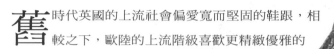

路易鞋跟擁有外拓的底部與收腰的上緣，原先出自路易十四的法國宮廷，至今仍為現代的設計師所沿用。

英國，1730年代。

華爾街的股市1929年大崩盤後，輕佻的款式即被擱置，簡樸而實際的款式大行其道。這雙高跟的晚宴鞋是以金色的小羊皮裁製。

O'Connor & Goldberg，1930年代。

46 你不可不知道的經典名鞋及其設計師

這種五英吋高的「克倫威爾」
（Oliver Cromwell，1599~1658，
英國政治家與軍事將領，以殘暴聞名，
曾對愛爾蘭進行血腥鎮壓。）模擬女
性以腳尖站立的弧度，一直都有其擁
護者（特別是在歡樂的九〇年代）。
嚴肅的奧立佛·克倫威爾若看到這
雙以他為名的鞋子的扭曲模樣，
可能會從墓穴裡爬出來。

英國，1890年。

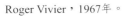

即使是較低的鞋跟，仍反映了維維耶對於裝
飾的渴望。左圖這個鑲滿假鑽的球形跟是
他為瑪蓮·黛德瑞希（Marlene Dietrich，50年代
德國著名冷豔性感女星，以《藍天使》名聞天
下。）在五〇年代設計的。
盧布汀在鞋跟裡埋置真正的
繡球花瓣（最右），並且將
精工雕刻的鞋跟塗成金色的。

Roger Vivier，1967年。

Christian Louboutin，1990年代。

為了裝飾鞋跟，設計師們可說是無所不用其極。下列是閃閃發亮的收集品，包括了一條鑲嵌半寶石的手雕鞋跟、一條舖亮面的「煙管跟」，以及一條模仿寶石切面的鞋跟。在十八世紀，類似的作品被稱為「venez-y-voir」或「come hither」鞋（意思皆為「靠過來」）。

左：Arthur Jones，1970年。
中：Arthur Jones，1970年。
右：Paul Mayer，1944年。

「鑽石搭配鞋子，是女孩最好的朋友。」——威廉·羅西。

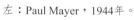

左：Paul Mayer，1944年。
中：Todd Oldham，1994年。
右：美國，1930年代。

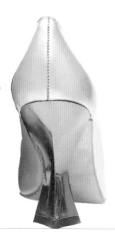

在這個性感的鞋跟上，盧布汀（Christian Louboutin）畫上女體性感的曲線。拉金（Scott Rankin）的「瑪麗蓮」（Marilyn）拖鞋，鞋跟的靈感則是來自桌腳。

Christian Louboutin，1995年。

「如果妳嫌惡高跟，記得戴上漂亮的帽子。」——蕭伯納。

Scott Rankin，1993年。

A lbanese of Roma創造了這雙雄雞拖鞋，它的鞋跟是幾何圖形的
堆疊，而它的同代人，則率先嘗試了鑽孔錐的鞋跟。

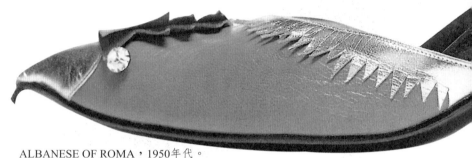

ALBANESE OF ROMA，1950年代。

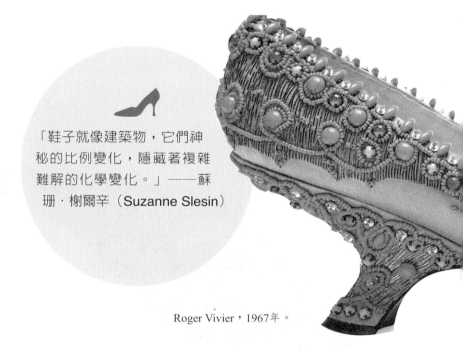

「鞋子就像建築物，它們神
秘的比例變化，隱藏著複雜
難解的化學變化。」——蘇
珊·榭爾辛（Suzanne Slesin）

Roger Vivier，1967年。

在1920年代,可調整高度的「望遠鏡」鞋跟,在伊利諾州的橡木丘(Oak Hill)公開展示。

維耶用珠串裝飾的晚宴舞鞋,就如最精密的計時器般穩定。將鞋跟釘在鞋弓下的方式,拉長了鞋面並且露出腳趾,成功地讓這雙鞋的比例完美無缺。

在喧嘩的二〇年代，一個禁酒與政治壓抑的年代，女人的鞋（例如這雙鮮紅絲絨搭配金色小牛皮的晚宴鞋）達到保守無趣的高峰。

I. Miller，1920年代。

引人注意的鞋跟從來不會沒沒無聞，不論它是貝克萊特（Bakelite）設計的鑲嵌假鑽的鞋跟右），或是絲絨上面覆蓋了金色鏈狀的裝飾（左）。

美國，1950年代。　　　Bally，1930年代。

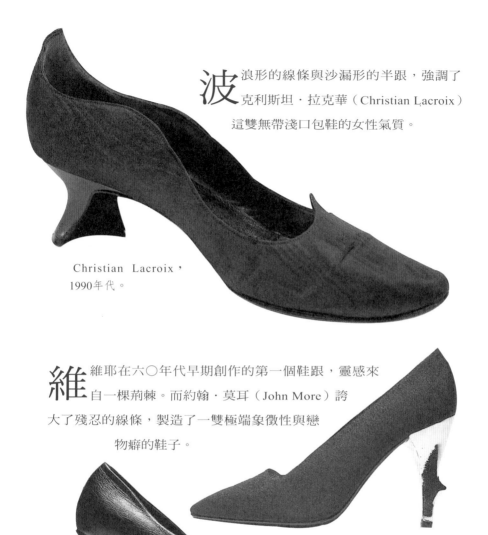

波 浪形的線條與沙漏形的半跟，強調了
克利斯坦·拉克華（Christian Lacroix）
這雙無帶淺口包鞋的女性氣質。

Christian Lacroix，
1990年代。

維 維耶在六〇年代早期創作的第一個鞋跟，靈感來
自一棵荊棘。而約翰·莫耳（John More）誇
大了殘忍的線條，製造了一雙極端象徵性與戀
物癖的鞋子。

Roger Vivier，1990年代。

John More，1980年代。

時尚大師
羅傑・維維耶

ROGER VIVIER

維維耶是製鞋界的法布格（Peter Carl Fabergé，俄國著名金匠、珠寶首飾匠人、工藝美術設計家。曾留學德、義、法、英等國。父為聖彼得堡珠寶商。法布格所設計的音樂盒，不但外形、紋飾、雕工及材質均有不同，開啓的方式費人猜疑，趣味性及藝術價值頗高）。他六十年來的開創性設計，輝煌地刷新了一般人對鞋的概念。他的作品輕鬆而富裝飾性，表現了十八世紀鞋子的古典魔力，卻又符合我們的時代精神。他所設計的鞋子結構，是以現代的航空以及工程力學原理為基礎。

維維耶原在法國巴黎的現代藝術學院（École des Beaux-Arts）學習雕刻，他的作品表現出一位雕刻師對形狀以及肌理的專注。1937年他開了自己的工作

羅傑・維維耶於1987年羅浮宮的回顧展中。

1938年宮廷鞋
的紙製模型。

室，開始為頂級的跨國企業如I. Miller、Delman、Bally和Rayne做代工。1953年他加入Dior，其後與頂尖女裝設計師合作的十年，開創了鞋類流行的黃金年代。

維維耶的作品在視覺上最引人注目的部分，通常都是他那創新的鞋跟。他將這些鞋跟依形狀命名：逗號、捲筒、球、細針、金字塔或蝸牛。為了瑪蓮·黛德瑞希，維維耶創造了一款細窄的高跟鞋，鞋跟底部刺入一個鑲滿假鑽的球中。他的「逗號」跟至今仍然陳列於某航空工程公司內部一個超輕型的鋁合金中，這原是噴射引擎的材料。

線條讓維維耶的鞋子變得生動迷人，他在製鞋之前，會先以紙製的模型當樣品，奇想隨後出現。在鞋跟上出現翠鳥的羽毛或是繡上珍珠，都不是太不尋常的事。

圓球跟在1990年的版本。

在他一件著名的作品中，維維耶以染成金色的小羊皮上釘紅色石榴石為鞋跟，作為1953年伊莉莎白女王登基大典時的穿著。這些年來，傳說中的名流如約瑟芬·貝克（Josephine Baker）、珍妮·摩露（Jeanne Moreau）、凱薩琳·丹妮芙（Catherine Deneuve）以及披頭四等人，都向他訂製專屬的鞋子。

「我的鞋子就是雕塑，」維維耶這麼形容他的創作，它們如今陳列於世界各地的博物館。「它們是標準的巴黎鍊金術的產物。」

維維耶的鞋跟創新：

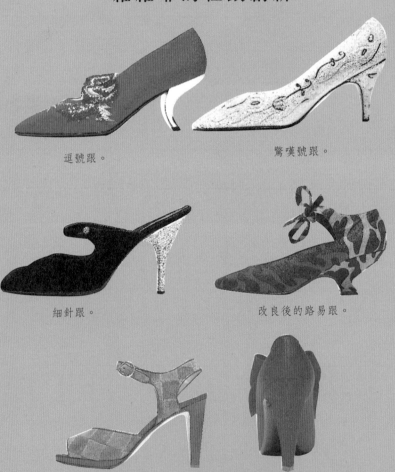

逗號跟。

驚嘆號跟。

細針跟。

改良後的路易跟。

角柱跟。

倒金字塔跟。

不管妳稱它為凹面或凸面，維維耶的鞋跟形狀所引起的廣大迴響，是不容置疑的事實。安·德穆魯維斯特（Ann Demeulemeeter）設計的這雙船鞋，向內彎的鞋跟看起來像是維維耶的驚嘆號鞋跟的寬版款。下圖的梅耶則以他的羅緞包鞋，向維維耶的逗號跟公開表達敬意。

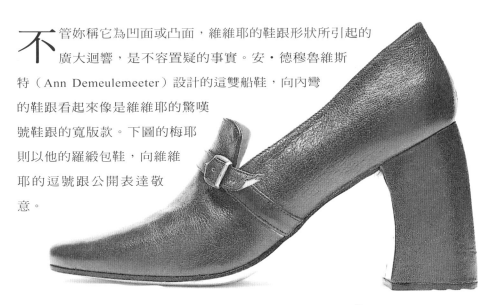

Ann Demeulemeeter，1995年。

Paul Mayer，1991年。

「穿上妳的紅鞋，隨著藍調旋律起舞。」——大衛·鮑伊（David Bowie）

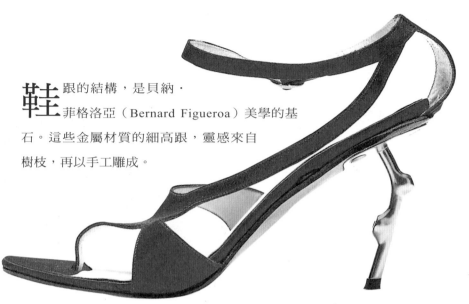

鞋跟的結構，是貝納‧菲格洛亞（Bernard Figueroa）美學的基石。這些金屬材質的細高跟，靈感來自樹枝，再以手工雕成。

Bernard Figueroa，1993年。

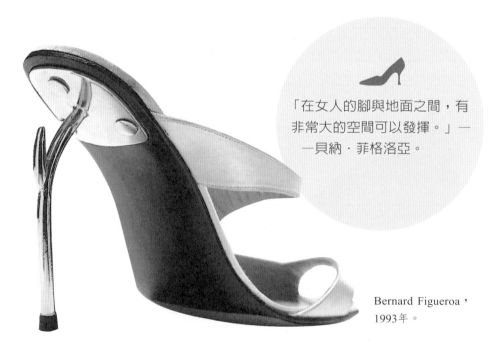

「在女人的腳與地面之間，有非常大的空間可以發揮。」——貝納‧菲格洛亞。

Bernard Figueroa，1993年。

整個五○年代，女人的後踵被視為是
特別性感的象徵。無後幫拖鞋風行一
時，而新穎的鞋跟設計——從瓷燒的浮雕到水晶的
圓盤，以及假鑽環繞成的圓圈，都成功地將目光的
焦點吸引至女人裸露的後跟。

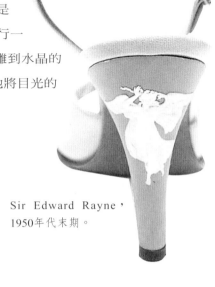

Sir Edward Rayne，
1950年代末期。

在路易十四的宮廷裡，男
人的鞋跟上面彩繪著縮小
的農村風光，或是浪漫的
田園景色。

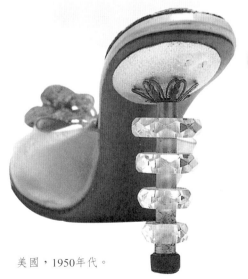

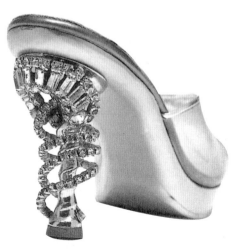

美國，1950年代。

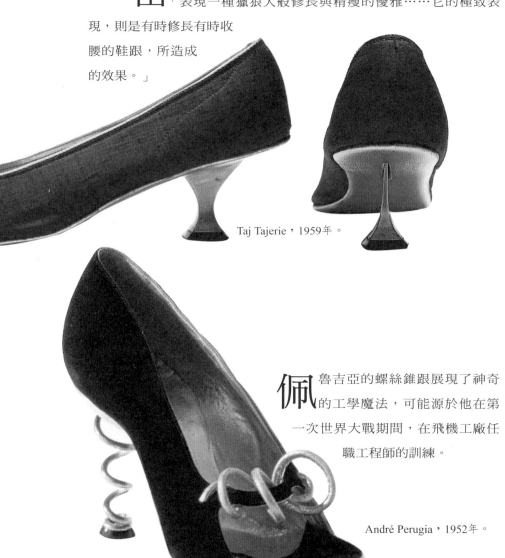

「**當**季的包鞋，」1959年的英國《哈潑時尚》雜誌寫道：「表現一種獵狼犬般修長與精瘦的優雅……它的極致表現，則是有時修長有時收腰的鞋跟，所造成的效果。」

Taj Tajerie，1959年。

佩魯吉亞的螺絲錐跟展現了神奇的工學魔法，可能源於他在第一次世界大戰期間，在飛機工廠任職工程師的訓練。

André Perugia，1952年。

貝絲‧列文的小羊皮跟，製成像一捲緊緊纏繞的銀紡錘形狀（上圖）。而史蒂芬‧阿帕德（Steven Arpad）的「扁捲螺」的標準鞋跟，則是向希臘的古典建築致意（下圖）。

Beth and Herbert Levine，1954年。

Steven Arpad，1930年代。

漏斗型的鞋跟，在這裡看起來像是倒金字塔，在1970年代末期與80年代初期，這是平跟之外極受歡迎的選擇。

Fontenau，1980年代。

Albanese of Roma，1980年代。

雖然這兩雙鞋子的設計時間相隔數十年之久，皮菲斯特以疊球跟以及鞋幫上的星星圖案表現，這種馬戲表演般異想天開的設計，再造了Holmes直條紋的漆皮鑽孔錐跟（對頁）。

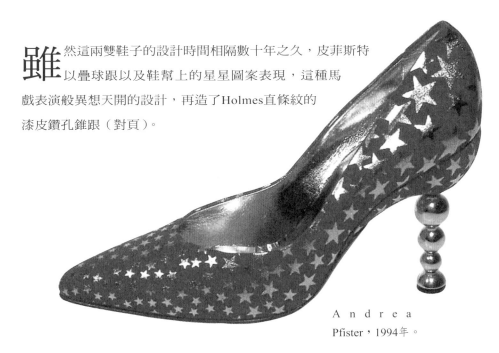

A n d r e a
Pfister，1994年。

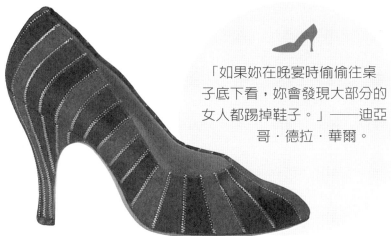

「如果妳在晚宴時偷偷往桌子底下看，妳會發現大部分的女人都踢掉鞋子。」——迪亞哥·德拉·華爾。

Holmes，1957年。

凡走過必留下足跡
鑽孔錐跟

THE SHOE THAT LEFT AN IMPRINT : THE STILETTO

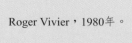

Salvatore Ferragamo，1950年代。

現代製鞋技術所創造的奇蹟中，鑽孔錐跟可能是最偉大的一項。又被稱為針頭、帽針、笛子、長劍或細高跟，四吋高的鑽孔錐跟在1952年進入流行舞台，搭配的是一雙尖頭古典包鞋。到底是誰先發明這種鞋跟，至今未有定論。在1953年的義大利，費拉加莫、Albanese of Roma及Dal Có不約而同地推出細針跟，大約在同時，維維耶也在巴黎推出他的細跟設計。細跟鞋的結構都相同，它們就像一般的超高層大樓，也需要以金屬栓埋入細長的塑膠外殼中，以作為支撐女性體重的大樑。

製鞋匠愛死了鑽孔錐跟，因為這

Roger Vivier，1980年。

種鞋跟的跟尖墊片經常需要替換。醫生則對這種鞋跟提出警告，說它們可能導致脊椎側彎，或是扭斷腳踝。這種鞋跟可能破壞地面，因此飛機上與許多公共建築物都禁止女性穿這種鞋跟進入，或者他們也會提供袋子，好讓這種危險的「武器」入鞘。即使惡名昭彰，到了五○年代末

Bernard Figueroa，1993年。

左、右：Elsé Anita Both，1995年。

Elsé Anita，1995年。　　期，鑽孔錐跟仍是時髦女
性的唯一選擇。

　　鑽孔錐跟被視為侵略
性、性感與反抗的象徵，成為壞
女孩們的註冊商標。好萊塢的
潔妮·曼斯菲爾德（Jayne
Mansfield，五六十年代美國
影壇上的紅人，素以大膽著名，
在銀幕上脫衣次數之多，在明星中無人能及），她是壞女
孩的代表，擁有兩百雙鑽孔錐跟的鞋子。

　　到了1960年代，鑽孔錐跟的風潮沒落，低跟靴與平
底鞋成為搭配套裝長褲與迷妳裙的流行選擇。但這種鞋跟
在70年代末期再度出現，至今仍有支持者，從戀物癖
者、瑪丹娜到電視節目《The Tick》中的卡通女
英雄，她以鑽孔錐跟做為致命的武
器，以制裁她的敵人。

Maud Frizon（左圖，
1985年）與Manolo
Blahnik（上圖，1995
年）所展示的性感鑽
孔錐涼鞋。

「你問我的身高嗎？親愛的，加上我的髮型、鞋跟以及驕傲，我可以衝破這片天花板了。」——露波（RuPaul，1960年生，美國著名的黑人變性女星）

Paul Mayer，1983年。

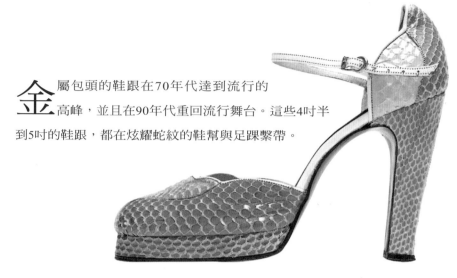

金屬包頭的鞋跟在70年代達到流行的高峰，並且在90年代重回流行舞台。這些4吋半到5吋的鞋跟，都在炫耀蛇紋的鞋幫與足踝繫帶。

Terry de Havilland，1979年。

Michel Perry，1995年。

根據《哈潑時尚》的文獻調查，當女人穿上高跟鞋，臀部將較平時翹約25%。

為了製造覆雪穹窿的效果，派崔克・考克斯在他的果凍鞋的塑膠跟中，封入一個迷你的艾菲爾鐵塔。

Patrick Cox，1996年。

在設計這雙扁鞋頭的足踝繫帶包鞋時，麗莎・納汀（Lisa Nading）仍是紐約時尚技術學院的學生。她用透明合成樹脂雕成這個鞋跟。

Lisa Nading，1995年。

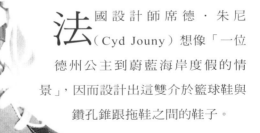

法國設計師席德・朱尼（Cyd Jouny）想像「一位德州公主到蔚藍海岸度假的情景」，因而設計出這雙介於籃球鞋與鑽孔錐跟拖鞋之間的鞋子。

Cyd Jouny，1995年。

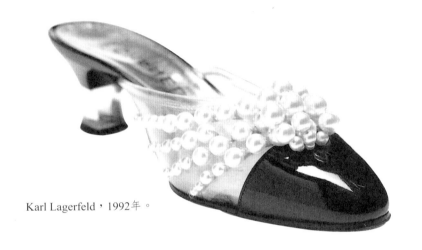

Karl Lagerfeld，1992年。

III. FEATS OF FANCY: SLIPPERS

幻想創造奇蹟：

便鞋

便鞋與功能性無關，它的設計目的並非為了使用，乃是為了觀賞。事實上，「slipper」這個字可以用來指涉以織品或細皮革製成、幾乎不能覆蓋雙足，可以任意穿脫的任何優雅而且薄底的鞋子。縱觀整個歷史，便鞋主要與財富、特權以及親密相關（因為它們如此細緻，通常只在閨房中穿著）。羅馬女人從不在戶外穿她們的索希鞋（socci），使得這種柔軟的低跟便鞋染上一種色情的意涵。羅馬議員兼領事盧西亞斯·維特里亞斯（Lucius Vitellius）甚至被發現將愛人的便鞋藏在自己的短袖束腰外衣下面，時時祕密地拿出來狂熱親吻，彷彿那是灑上香水的情書。

長久以來，教堂裡的主教階級一直都穿著錦緞或絲絨製成的平底便鞋，到了伊莉莎白一世登基時，有跟便鞋便成了英國男女共通的流行。這種便鞋的裝飾精美、材質高貴，它

現代芭蕾舞鞋款便鞋的先驅，1820年代。

搶眼的絲襪與細緻的絲質便鞋，很難得從維多利亞蓬裙下露出來。

以機器縫製的 J. Sparkes Hall 的便鞋，1855年。

們的功用通常在於炫耀穿戴者的財富。事實上，威尼斯的製鞋師在作品上加了那麼大量的黃金與寶石，致使議會通過禁止奢侈浪費的法案，以扼止這種現象。無論如何，這種越脆弱就越高級的便鞋，繼續成為社會階級的表徵。當約瑟芬皇后（她擁有521雙便鞋）拿一雙只穿一次就磨破的鞋給她的製鞋師看，據說他是這麼回答的：「哦，夫人，我知道問題在哪裡了。那是因為您穿著它走路。」

在18世紀，上流階級便鞋的特色，是嵌上一層珠寶的外觀，以及向上翹的鞋頭。中產階級的女性模仿這種來自上流社會的風潮，穿上利用障眼法

Aubusson織繡便鞋，1820年。

製成的薄底木屐，再以精良的裝飾偽裝，看起來彷彿真正是由錦緞、蕾絲、緞帶與珍貴的寶石製成的鞋子。即使在法國大革命之後，貴族階級的紅鞋跟被揚棄，以柔軟的小羊皮、天鵝絨、絲綢所製的精緻「薄底淺口鞋」（Escarpins）仍然繼續流行了半個世紀。

舞會在19世紀變得普及，纖細的便鞋仍以薄如紙的皮革、奢華的絲綢製造，上面裝飾著玫瑰花形的飾物、絨球或蝴蝶結，經常因跳舞而破損。但因為實用的衣物已經蒙上一層工人階級的污名，歐洲與美洲中上階級的女人只能穿上她們不實用的便鞋到戶

外去，就連草葉的邊，都能對這種鞋造成無法補救的傷害。1832年的深冬，安東尼·特普洛夫人（Mrs. Anthony Trollope）寫道，她經常看到女人「在冰雪地上跛行，她們可憐的腳趾頭擠在小小的便鞋裡，這種鞋連沾濕歐洲櫻草那種程度的濕氣都隔絕不了。」

Nancy Giallombardo無比奢華的串珠拖鞋，1995年。

土耳其拖鞋，1900年。

到了今天，人們仍在特殊時機購買這些便鞋，以搭配晚宴服或是結婚禮服。而且就像瑪麗·安東尼著名的衣櫥裡許多珍貴的便鞋一樣，它們只被穿過一次。

不管是穿著去參加節慶或是只在閨房中穿著，現代的便鞋通常是以同樣奢華的材質製成，並且搭配相同的刺繡、金屬亮片和羽毛，和幾個世紀前的情況並無二致。它們甚至忠實地保留原始的設計精神，將功能性只維持在奢華的展示。

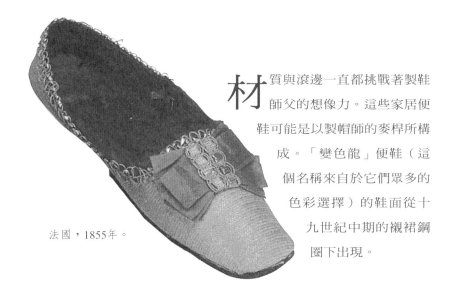

材質與滾邊一直都挑戰著製鞋師父的想像力。這些家居便鞋可能是以製帽師的麥桿所構成。「變色龍」便鞋（這個名稱來自於它們眾多的色彩選擇）的鞋面從十九世紀中期的襯裙鋼圈下出現。

法國，1855年。

平跟便鞋雖然舒適，卻會讓腳掌看起來外擴。這款便鞋以長絲帶綁在腳背上，目的是把鞋跟拉緊，以展現出更修長的足部線條。

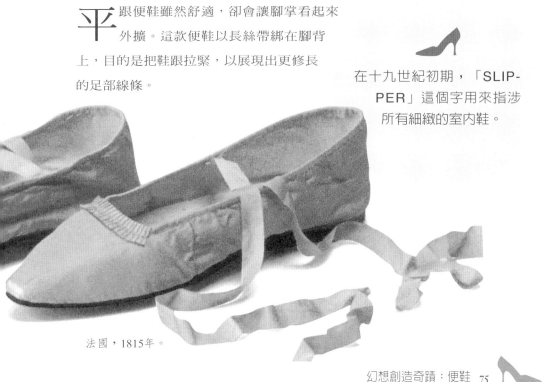

在十九世紀初期，「SLIPPER」這個字用來指涉所有細緻的室內鞋。

法國，1815年。

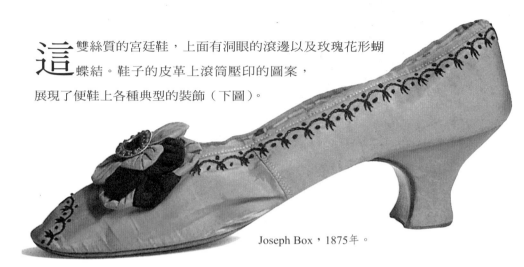

這雙絲質的宮廷鞋，上面有洞眼的滾邊以及玫瑰花形蝴蝶結。鞋子的皮革上滾筒壓印的圖案，展現了便鞋上各種典型的裝飾（下圖）。

Joseph Box，1875年。

瑪麗‧安東尼雇用了一個女僕，專門照顧她那五百雙依照日期、顏色及款式分類的便鞋。

義大利，1860年。

英國，1800年。

Peter Fox，1990年代。

在盎格魯·薩克遜的婚
禮傳統中，父親親手將女
兒的一隻鞋交給新郎，
以象徵主權易手。

在19世紀中期，新娘開始穿上白色的便鞋搭配新娘禮服，這個傳統沿襲至今。彼得·福斯（Peter Fox）線條夢幻的新娘鞋，使用了窄跟與尖頭，極端女性化。

美國，1870年。

不管是絲或緞，對於女人的便鞋而言，沒有任何材質是過度細緻或昂貴的。Maykopf的設計以欽納特斜紋花呢布上的細針刺繡，以搭配閃光緞製的晚宴服。而Hellstern的標籤是世紀末華麗的同義字（下圖）。

C. Maykopf，1890年代。

Hellstern & sons，1905年。

當鞋身因使用而耗損，裝飾卻有助於保存鞋面完整。在18與19世紀，便鞋製鞋師的名字下通常加註一行字「免費修理」。

美國，1950年代。

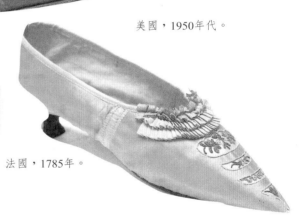

法文中的「chausson」意為便鞋，或是一種塞滿果醬的點心。

法國，1785年。

這雙皮菲斯特的時髦拖鞋，名字是「窈窕淑女」（*My Fair Lady*），鞋身以輕盈而非正式的圓點花樣，搭配條紋棉布。

Andrea Pfister，1992年。

對時尚評論家荷莉·布若巴哈而言，維維耶的鞋子喚起「像迪士尼般的形象：一雙細緻而神奇的手，在忙著為瑰麗的綢緞繡上金色的彩珠；松鼠急匆匆地穿越森林，為她找帶來一大盒絢爛的珠子；而青鳥的嘴喙中叼著一條絲帶，俯衝並且盤繞著神話中女主角的膝頭，為她綁好最後的蝴蝶結。」

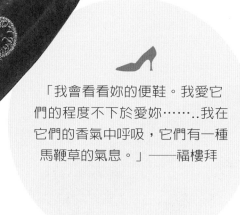

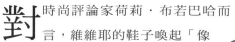
「我會看看妳的便鞋。我愛它們的程度不下於愛妳……..我在它們的香氣中呼吸，它們有一種馬鞭草的氣息。」——福樓拜

Joseph Box，1875年。

在童話故事裡，鞋子通常是逃離平凡生活的交通工具。

Roger Vivier，1960年。

在第一次世界大戰前歌舞昇平的年代，時尚到達奢華虛榮的高峰。那是一個品味精細的時代，貴族派頭的巴黎男人從女人的便鞋裡啜飲香檳。精工細繡的絲綢混紡萊爾線絲襪，搭配光面的絲綢便鞋，將眾人的注意力向上拉到足踝。

歐洲，1890年。

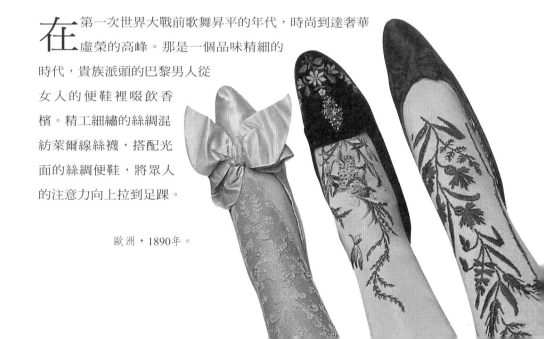

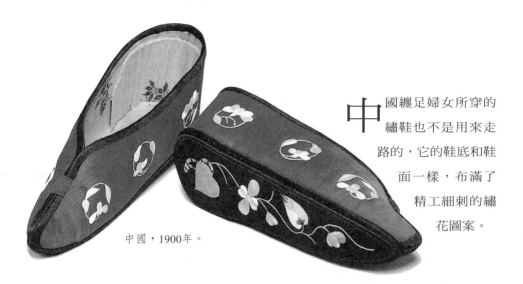

中國纏足婦女所穿的繡鞋也不是用來走路的，它的鞋底和鞋面一樣，布滿了精工細刺的繡花圖案。

中國，1900年。

對比於精工刺繡的便鞋，滾筒壓印的便鞋價格低廉。在法國大革命後，前者被英國及歐洲大陸的女性視為虛榮與賣弄的表徵。

英國，19世紀。

這雙拖鞋上的三色花飾，具現了法國大革命的精神。

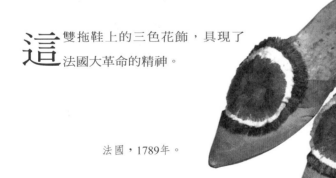

法國，1789年。

82　你不可不知道的經典名鞋及其設計師

時尚大師
MANOLO BLAHNIK
瑪諾羅·布拉尼克

珊瑚頸鍊拖鞋，1980年代。

如果時尚界的高階女祭司黛安娜·維蘭德（Diana Vreeland）沒有鼓勵來自瑞士的年輕舞台設計師「製鞋」，布拉尼克的名字可能永遠不會出現在當代最受歡迎的設計師名單上，我們也將錯過他那些以鑲滿珠寶的錦緞、天鵝絨以及小羊皮製成的性感又奢華的便鞋、拖鞋與包鞋。瑪丹娜買布拉尼克的鞋子（「它們所帶來的歡愉，比性愛更持久。」），碧安卡·傑格（Bianca Jagger，米克·傑格的前妻）、黛安娜王妃、帕洛瑪·畢卡索也是。她們欣賞的不只是他創作中實踐的完美工藝以及大膽的魅力，還有著名的合腳以及舒適功能。

巴洛克式便鞋，1995年。

「我有某些小把戲，」布拉尼克說：「我是剪裁之王。」他使

鞋面上的珍珠垂墜，
1980年代。

瑪諾羅・布拉尼克。

用了神奇的剪刀，創造了許多異想天開的設計：它讓某一雙鞋子看來像手套一樣；而另一雙繫踝帶的鞋，看起來就像一條蛇盤捲在腳踝上。他常從別的時代借靈感——這裡借一雙攝政時期的鞋跟，那裡湊一張洛可可式的鞋面——但是他親手完成的鞋子卻極具現代感，就像那些買他鞋子的富有女性一樣。

　　每一雙布拉尼克的鞋子，以及他著名的錐形鞋面，都得經過大約五十道不同的製程。因此他在義大利帕拉比亞戈（Parabiago）的工廠，一天只能做大約80雙鞋子。供應量如此有限，似乎讓忠誠的布拉尼克迷更渴望擁有這些鞋子。有一位客人固定每一季以電話訂購23雙布拉尼克的鞋子，事先連看都沒看過。設計師貝納・菲格洛亞說：「布拉尼克是製鞋界的路瑟・范德魯斯（Luther Vandross，著名的美國藍調靈魂歌手。）」因為他鞋子的款式是如此的「溫柔而誘人」。

　　布拉尼克於1942年出生於

鞋面有結飾的拖鞋，1980年代。

西屬加納利群島，父親是捷克人，母親是西班牙人。他在日內瓦大學主修文學與建築，目標則是成為舞台設計師。他在七○年代開始涉足鞋類設計，創造了自己的馬鞍鞋男鞋款。在他與維蘭德命運性的會面後，他將注意力放到女鞋上。1973年，他在倫敦

「EOS」（希臘神話中的黎明女神），1995年。

開了第一家店，在真正專注於更成熟世故的款式前，為Fiorucci製造了塑膠涼鞋「jellies」。直到現代，布拉尼克仍親手雕製鞋跟，並且全程監督每一件設計在他義大利工廠內的製程。他的鞋子出現在最高級的伸展台上，包括Issac Mizrahi、Todd Oldham與Badgley-Mischka，並且出現在全世界最高級的時尚雜誌上。

　　布拉尼克對鞋子最早的記憶，是瑪蓮·戴德瑞希在電影《摩洛哥》（Morocco）中穿著高跟鞋橫越沙漠的情景。他至今仍舊從電影與書本中提取人物的性格，作為系列設計的靈感。畢竟，他說，他創造的不只是鞋子，而且是一種充滿了不顧一切的激情與幻想的「瞬間」，即使踢著沙子的黛德瑞希都會欣賞的時刻。

「MEDINA」（麥地那，位於沙烏地阿拉伯的城市），1995年。

「Lissio」，1995年。

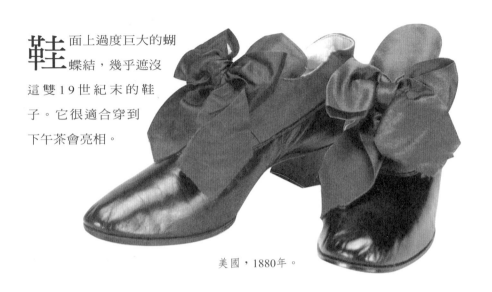

鞋面上過度巨大的蝴蝶結，幾乎遮沒這雙19世紀末的鞋子。它很適合穿到下午茶會亮相。

美國，1880年。

這種織毯是土耳其西部的特產，是一種特別細緻的手織雙面織品。這些女性的居家鞋，都是以十九世紀中期克里米亞戰爭後，進口到歐洲的織毯為材料精工製成。

歐洲，1850年代。

菲利普‧孟岱爾（Philippe Model）的這雙便鞋屬於神話以及童話的傳統，喚醒了幾乎失去的純真、任性與浪漫的世界。

Philippe Model，1980年代。

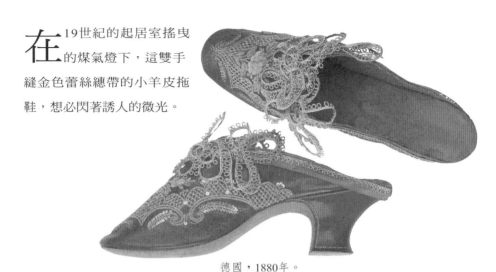

在19世紀的起居室搖曳的煤氣燈下，這雙手縫金色蕾絲緞帶的小羊皮拖鞋，想必閃著誘人的微光。

德國，1880年。

卡門拖鞋。拉金在一趟馬德里之行後的作品，表現出佛朗明哥像火一般的能量。

Scott Rankin，1995年。

路易斯‧赫斯坦（Louis Hellstern）是巴黎的製鞋師，他以裝飾華麗的鞋面而知名。這雙鞋星羅棋布著精鋼製的串珠及假鑽。

Hellstern & Sons，1920年代。

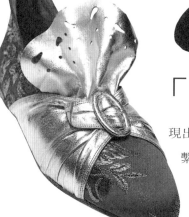

「我喜歡看到裝飾品。」威莉‧范‧洛伊（Willy van Rooy）這麼解釋她表現出強烈的浮誇設計傾向的原因。左圖中這雙繫了誇張飾帶的鞋面，就是她典型的作品。

摩洛哥，1980年代。

Willy van Rooy，1980年代。

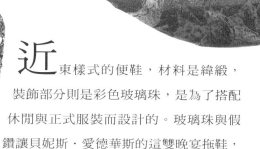

近東樣式的便鞋，材料是緯緞，裝飾部分則是彩色玻璃珠，是為了搭配休閒與正式服裝而設計的。玻璃珠與假鑽讓貝妮斯‧愛德華斯的這雙晚宴拖鞋，成為一個移動的珠寶箱。

Susan Bnnis Warren Edwards，1989年。

凡走過必留下足跡
羽毛拖鞋

THE MARABOU MULE

時尚的拖鞋一直與女性魅力和性的吸引力息息相關，特別當鞋面鑲上柔軟的鸛鳥羽毛的時候。這是一種無後幫的拖鞋，是唯一讓腳一半有遮護，另一半赤裸的鞋款。一旦加了鞋跟，女人赤裸的後踵就被放在展示

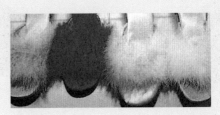

郵購的羽毛拖鞋。

的台座上，成為充滿情色意味的展示品。無後幫拖鞋——特別是羽毛拖鞋，因此成為臥房中的必需品。

在《包法利夫人》（Madame Bovary）的一幕高潮戲中，福樓拜用艾瑪的粉紅色綢緞拖鞋，作為誘惑的象徵：「當她跪坐下來，精緻的鞋子只卡在腳趾上，連著她赤裸的雙足。」這種鞋的設計不僅讓女人可以賣弄風情地用腳趾勾住它們，而且讓她必需以性感野貓的小碎步走路——這是好萊塢至今仍沿襲的傳統。在五〇年代的電影裡，羽毛拖鞋象徵狂野敗德的地獄。瑪麗蓮・夢露在《七年之癢》（The Seven Year Itch）中穿著羽毛拖鞋搔首弄姿地賣弄性感；狗仔隊偷拍到咪咪・范・杜倫（Mamie Van Doren，五〇年代好萊塢

性感女星）以及黛安娜‧多絲（Diana Dors，英國性感女星）穿著羽毛拖鞋進超級市場。好萊塢費德瑞克（Frederick of Hollywood，美國內衣市場的領導品牌）的一位採購在巴黎時裝秀看到3吋半的羽毛拖鞋後，將之列上商品目錄中，至今仍然有販售。

　　到了當代，羽毛拖鞋再度成為閨房專屬的情趣用品，他們似乎在此找到完美的位置。就如滑稽演員咪咪‧龐德（Mimi Pond）一度觀察到的，當女人穿著羽毛拖鞋，男人的唯一反應就只有：「哇嗚」或「噢寶貝噢我的寶貝！」

黑色的粉撲羽毛拖鞋。

洛可可式的花緞拖鞋，讓穿戴者腳趾必需痛苦地擠進尖細的鞋頭中，無疑是由一位賣弄風情的法國女性所擁有。銀製亮片與黑玉串珠，點綴著這雙金色錦緞製成的拖鞋（下圖）。這是依莉莎白‧泰勒在《埃及艷后》中所穿的鞋子。

法國，1730年。

法國，1885年。

David Evins，1963年。

就如18世紀的法國油畫中所暗示的，這種鬆散、解放的鞋子（左圖），暗指著一位放蕩的女性。因為拖鞋經常會從穿了褲襪的腳下滑開，它們被加上緞帶、彈性圈或是踝帶，以固定在腳上。

皮 菲斯特的拖鞋曾被暱稱為「走動的明信片」。這雙金絲的土耳其式拖鞋，因上面黏貼的寶石而發光，是對土耳其富裕的頌歌。

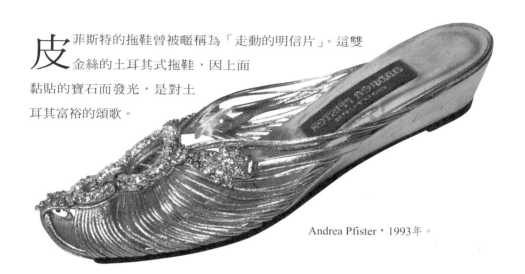

Andrea Pfister，1993年。

英 國設計師艾瑪‧霍普（Emma Hope）的時髦設計「足下的禮服」（regalia for feet），是男士晚間便鞋的甜美頹廢版。刺繡的圖案上表現出閃耀著光輝的星雲以及燃燒的心（右下圖）。鞋面上奢華而精細的金子，令人想起印度婚禮沙麗的衣襬（左下圖）。

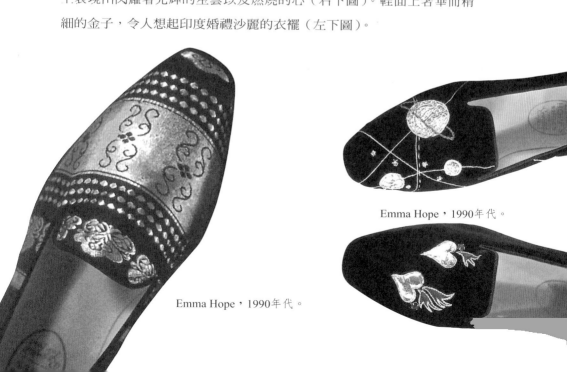

Emma Hope，1990年代。

Emma Hope，1990年代。

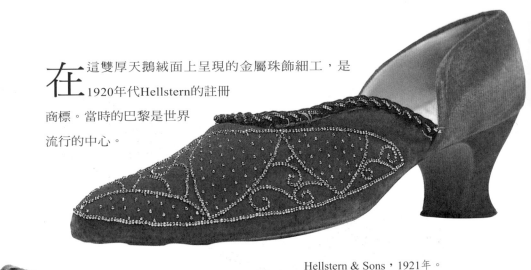

在這雙厚天鵝絨面上呈現的金屬珠飾細工，是1920年代Hellstern的註冊商標。當時的巴黎是世界流行的中心。

Hellstern & Sons，1921年。

在這雙鞋的金屬裝飾及絲繡上加以金色的總帶與流蘇，就成了東方風格的款式。在19世紀的下半葉，這種表現方式走上法國的流行舞台。

J. A. Petit，1873年。

這種大量製造的拖鞋，鞋面上的「笑臉」與男性女性的抽象圖案，示範了日本人喜歡借用美國流行文化圖騰的強烈傾向。

日本，1980年代。

翹起的鞋頭雖然沒有用處，卻是土耳其的傳統。再怎麼說，這種拖鞋有一個實際的功能：在進入一個敬拜神明的地方時，它們可以很容易地脫去，因為那種地方是不准穿鞋進入的。

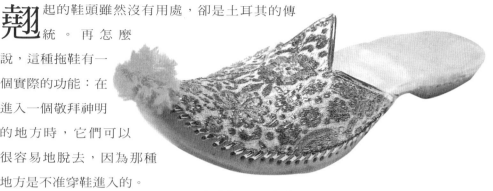

土耳其，1980年代。

翹起的土耳其式鞋頭可回溯至12世紀，當時鞋頭的長度被視為衡量穿戴者財富的指標。在這種流行的最高峰期，鞋子從頭到跟可以長達30英吋。

土耳其，1980年代。

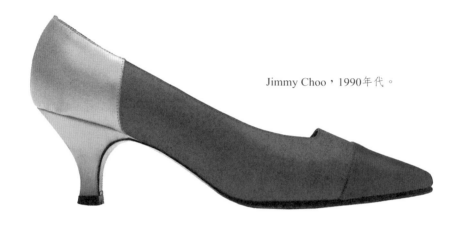

Jimmy Choo，1990年代。

IV. PUMP & CIRCUMSTANCE:
THE LITTLE BLACK DRESS OF SHOES
包鞋與時代氛圍：
鞋類中的黑色小禮服

永 遠不褪流行，淺口包鞋是鞋類中的黑色小禮服。它那樸素無華的樣式以及不顯花俏的鞋跟，展現出實用、優雅、教養以及古典的保守。

在現代，淺口包鞋基本上是女性的鞋款；但在16世紀初期，它卻是男僕制服的一部分。那個時代的包鞋是一種平跟而脆弱的便鞋，需要運用腳後跟與腳趾肌肉的力量抓牢。它首先出現的名字在1555年，拼法是poumpe、pompe或pumpe，是模擬這款鞋撞擊在磨光的地板上的聲音。

女人在18世紀中期開始穿這類無跟的鞋子，是來自時髦男子偏愛的某一個街頭改良款，從此包鞋很快在歐洲生根，在不實用的便鞋與緊束的蕾絲長靴之外，成為女性穿鞋的另一種選擇。到了18世紀末製革界發明漆皮後，淺口包鞋出現在大西洋兩岸的女性與男性的腳上，是舞鞋的一種。

包鞋原先改良自男性鞋款，至今這種簡單、沒有任何裝飾的包鞋款式，仍是女性喜愛的基本款。此圖為Fausto Santini，1955年。

隨著時間的演進，這種鞋子逐漸改變其單一性別、男女通用的形象，淺口包鞋開始有了鞋跟，蝴蝶結讓鞋面更漂亮，裝飾華麗的扣環也增添了優雅的氣息。大約在1838年，奧塞公爵阿爾弗烈德‧加百列（Alfred Gabriel）開始為女人縫製專屬的包鞋鞋款。他所製的鞋子脫離當代宮廷封閉的款式，是一個可喜的開始。它的V字形鞋面展露趾

瑞士的條狀鏤空包鞋，
1874年。

縫，而它下擺裁成圓角的鞋邊，凸顯了鞋弓的弧度。奧塞包鞋用黑色或棕色小羊皮裁製，帶著實用的2吋高鞋跟，是每一個十八世紀女性衣櫥裡的標準配備。直到現在，它那獨具特色的輪廓，仍是不褪流行的女鞋款式。

　　在爵士年代生氣勃勃的高跟舞鞋退位後，保守穩健的鞋款再度流行，淺口包鞋也隨之回復實用性，但卻並不持久。1950年代4英寸高的鑽孔錐跟大行其道時，可可·香奈兒女士與雷蒙·馬莎羅（Raymond Massaro）合作，顛覆性地推出低跟包鞋。這款鞋以兩種色調相間，並且設計了踝帶，它的米黃色鞋身與鞋跟，在視覺上拉長了腿的線條，而黑色的鞋頭，則讓腳看起來更小。

　　1955年，紀梵希（Givenchy）發表了低跟歌劇鞋，鞋背上是直線的剪裁，鞋的後幫朝鞋面傾斜。當時尚權威貝比·巴瑞（Babe Paley）將它

Joseph Magnin，1962年。

與成套的喀什米爾羊毛與珍珠項鍊搭配，這雙便鞋從此獲得時尚界的貴族地位。在六〇年代，賈桂琳·甘迺迪（Jacqueline Kennedy）在白宮與其他地方傳布她的合身套裝、平頂筒狀的女帽搭配典雅便鞋的風格，後來的每一位總統的夫人皆繼承了這個傳統，視這種包鞋為尊敬與品味的標誌。

　　女人在八〇與九〇年代大量進入職場，她們要求時髦而且能

舒適地穿上一整天的鞋子。製造商以更寬的鞋頭、更
多尺碼與寬度的選擇，以及一吋半的低跟鞋，回應了她
們的需求。費拉加莫推出的「瓦拉」（Vara）包鞋與
維維耶的「旅人」（Pilgrim），皆結合了優雅的
外觀與舒適性。曼哈頓的足部專科醫生梅
伊德·列文斯菲爾德（Mayde
Lebensfeld），她對當代的淺口包
鞋下了這個註腳：「這種鞋很
合腳──而且我們真的可以穿上它。」

Chanel，1994年。

Robert Clergerie，1996年。

從左至右，一整排都是美國歷任第一夫人的腳：芭芭拉·布希（Barbara Bush）、南
西·雷根（Nancy Reagan）、羅莎琳·卡特（Rosalynn Carter）、貝蒂·福特（Betty
Ford）、帕特·尼克森（Pat Nixon）、伯得·詹森（Lady Bird Johnson）。

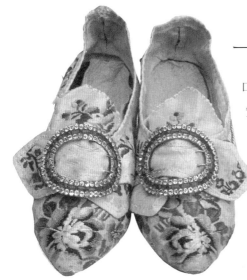

十八世紀末期，美國流行的高鞋喉附帶包鞋。利用進口的織花錦緞精工製作，適合穿出去在下午茶會中亮相。

美國，1785年。

Eugenia of Florence以製作典雅而低調的淺口包鞋而知名，一個最好的例子，就是這雙淺口的教皇包鞋，上面織繡了紋飾與銀色的滾邊。

Eugenia Of Florence，1988年。

在五○年代，Margaret Jerrold（設計師是一對夫妻檔）原創了一個低跟且優雅的包鞋系列，使用的是鑽孔錐跟。鞋跟上包著天鵝絨，鞋面上是吸管寬度的條紋天鵝絨飾帶。這雙流動線條的鞋子，帶著一種精工剪裁的優雅。

在1880與90年代，一個女士在公開場合引起過度的注意，是不得體的行為。「適當裝扮」的規則之一，就是暗色的鞋子。

美國，1890年。

瑞士，1904年。

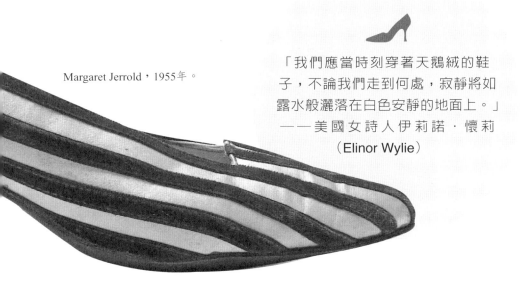

Margaret Jerrold，1955年。

「我們應當時刻穿著天鵝絨的鞋子，不論我們走到何處，寂靜將如露水般灑落在白色安靜的地面上。」
——美國女詩人伊莉諾·懷莉（Elinor Wylie）

在維多利亞女王心愛的王夫亞伯特（Albert）過世後，整個宮廷沉浸在哀傷的氣氛中，讓黑色基本款的包鞋增加了重要性與持久的影響力。

美國，1895年。

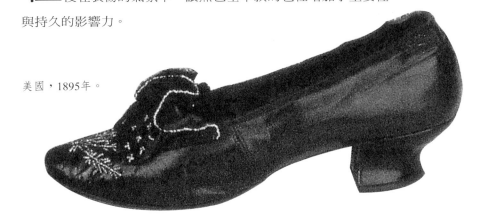

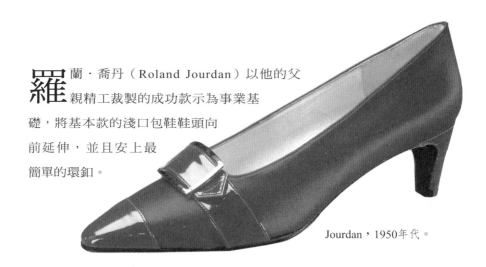

羅蘭·喬丹（Roland Jourdan）以他的父親精工裁製的成功款示為事業基礎，將基本款的淺口包鞋鞋頭向前延伸，並且安上最簡單的環釦。

Jourdan，1950年代。

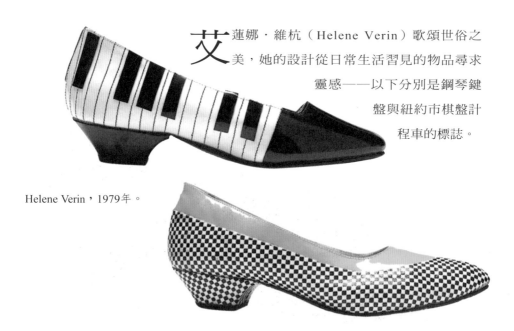

艾蓮娜·維杭（Helene Verin）歌頌世俗之美，她的設計從日常生活習見的物品尋求靈感——以下分別是鋼琴鍵盤與紐約市棋盤計程車的標誌。

Helene Verin，1979年。

你不可不知道的經典名鞋及其設計師

Yantorny，1920年代。

「做世界最昂貴的訂製鞋」，楊托尼（Yantorny）的巴黎沙龍外寫著這行字。楊托尼是克呂尼美術館（Cluny Museum）的前任鞋子館館長，他使用鱷魚與其他進口的動物皮裁製精緻的鞋子。

維耶對裝飾的渴望，就連在他相對簡樸、節制的包鞋鞋跟上，都可以略見端倪。這雙雅緻的山東綢面鑲黑眼洞的鞋，是為杜·漢茲（Drue Heinz）設計的，她是著名的蕃茄醬品牌的女繼承人。

Roger Vivier，1950年代。

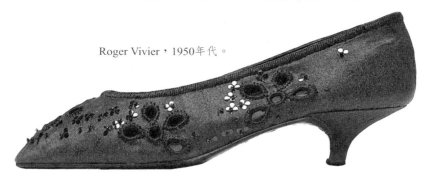

Bally，1914。

Bally，1914。

1851年，Bally鞋業公司從瑞士一個
簡單的鄉村製鞋舖開業，一路發展
終至足以與法國、英國與美國
最有名的製鞋工業匹敵。這
些深面的曲跟包鞋，上面
精緻複雜的作工，充
分展現了Bally鞋款
優雅的一面。

Bally，1891。

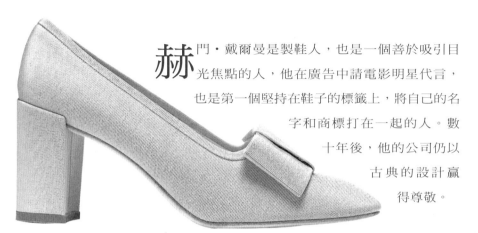

赫門·戴爾曼是製鞋人，也是一個善於吸引目光焦點的人，他在廣告中請電影明星代言，也是第一個堅持在鞋子的標籤上，將自己的名字和商標打在一起的人。數十年後，他的公司仍以古典的設計贏得尊敬。

Delman，1995年。

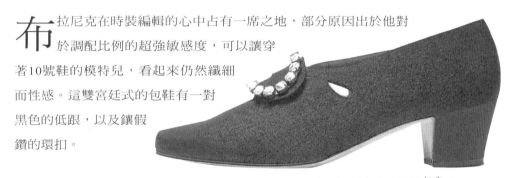

布拉尼克在時裝編輯的心中占有一席之地，部分原因出於他對於調配比例的超強敏感度，可以讓穿著10號鞋的模特兒，看起來仍然纖細而性感。這雙宮廷式的包鞋有一對黑色的低跟，以及鑲假鑽的環扣。

Manolo Blahnik，1990年代。

從傳統的款式進化而來，來自馬德里的設計師西比拉（Sybilla）將經典的瑪麗·珍（Mary Jane）鞋背皮帶，換成了有彈性的蕾絲飾帶，並且將鞋跟與鞋頭敲扁。

Sybilla，1980年代末期。

在1920年代，皮涅特（Pinet）製作了T形鞋帶的晚宴鞋，這雙淡粉紅色的包鞋繡上鏈條的形狀，在當時的巴黎最為流行。

Pinet，1920年代。

在憤怒的二〇年代，舞鞋在美國的年輕女性之間掀起一股狂熱。這雙祖母綠的包鞋側邊挖空，鞋面上鑲嵌髮夾狀排列的鑽石釦環。

Bob, Inc，1920年代。

這兩雙清教徒式的包鞋在1962年聖羅蘭（Saint Laurent）的服裝秀度首度登場後，成為被抄襲最多的鞋款之一。這兩款的晚宴鞋中，維維耶將著名的方形釦環的邊角修圓，並且詩意十足地製成假鑽的漩渦。

Roger Vivier，1960年代。

基本款的包鞋之美，在於簡單的裝飾品，就能造成戲劇性的效果。這些都是二十世紀流行過的釦環，可以為了樂趣而釦，也可以增加華美與魅力。

設計大師
大衛・艾文
DAVID EVINS

在他40年的職業生涯中，大衛・艾文創造了不計其數的經典鞋款，並且兼顧了流行與舒適。富人與有權勢的人群集在他身邊，因為他們看得出他是業界的大師。即使是挑剔的溫莎公爵夫人（Duchess of Windsor），這位以勢利眼與好品味聞名的女性，也固定委託他製鞋，承認他是天才。從瑪蜜・艾森豪（Mamie Eisenhower）開始，他為每一位總統夫人

奧黛莉・赫本的緞面「莎賓娜」（SABRINA）包鞋，1963年。

製鞋，並設計了南西・雷根於就職典禮所穿的兩雙包鞋。

電影明星為他的創意而愛他，他的鞋子能夠讓明星將自己的個性，成功地轉化為角色的性格。他為艾娃・嘉娜（Ava Gardner）創造了華麗的無後

在紐約工廠的艾文（左一）

跟拖鞋；為他最喜歡的晚宴女伴茱蒂‧葛倫（Judy Garland）創造厚底的包鞋；為冷漠的瑪蓮‧戴德瑞希製作了豹紋短靴。而葛莉

襯墊絎縫的包鞋，1950年代。

絲‧凱莉（Grace Kelly）嫁給雷尼爾王子（Prince Rainier）時腳上的低跟包鞋，也是他的傑作。

為艾娃‧嘉娜設計的拖鞋「Stop and Go」。

　　大衛‧艾文在13歲時從英國移民美國，在布魯克林的普瑞特藝術學院（Pratt Institute）學習製圖。他成為打版師之後，因為一位《哈潑時尚》雜誌編輯的鼓勵，讓他發現了自己在鞋類設計上的長才。（那位時尚編輯說他的鞋子「充滿藝術家的特質」。）

他在這個領域快速展露了天分，並在1941年與I. Miller簽約，發展自己的品牌。8年後，時尚產業稱他「包鞋之王」，並頒他那些貝殼包鞋一座人人嚮往的柯提獎（Coty Award）。他後續還有其他創新之舉，例如以魔鬼沾將背後繫細帶

為溫莎公爵夫人而製的保守包鞋，兩雙皆製於1970年代。

式的涼鞋加固黏牢，也是第一個將
鱷魚皮染上鮮艷顏色如土耳其藍
的設計師。他拆解紀念碑的元
素，將它們的主體轉化成各種鞋跟，而且他也像前輩費拉加莫一
樣，以釣魚線製造鞋面。

　　艾文是一個謙虛的人，他憎惡譁眾取寵以及不必要的裝飾。
「純粹與簡單是我的專長。」他在1987年接受《足下新聞》
（Footwear News）的訪問時表示：「重點不是加了什麼，而是
減去什麼。」這個哲學反應在他作品的精煉與優雅中。他自己
也常扣上Turnbull & Asser的襯衫與Charvet的領
帶，在工廠裡製作自己要穿的鞋子，或是在他
穿連衣裙的員工旁邊刻製鞋楦。

為葛莉絲·凱莉而製的
珍珠編結涼鞋。

　　他的姪子瑞德·艾文（Reed Evins）目
前為Cole-Haan設計鞋子，曾這麼描述他：
「他是一個美妙的矛盾。」「他是一個絕對的完美主義者，可能會
因為鞋面上的黑緞夾帶太多的灰色調大發雷霆而銷毀三百雙鞋
子。另一方面，他卻絕不是一個愛慕虛榮的人。他得獎時總是大
為驚訝。他曾經站在自己工廠的中央，大驚失色地自
言自語：『這真的不是開玩笑嗎？』」

這雙鞋以馬賽克浮雕的皮革與異想
天開的土耳其式鞋頭作為裝飾。

1930年代，裙子的長度拉長至小腿中段，腳背擠在一起的鞋跟、高鞋喉的鞋面以及圓弧的鞋頭，共同構成了保守的款式。

Delman，1930年代。

Hoole Knowles & Co，1930年代。

50年代的洋裝款式，從「沙漏形」到「A字形」都有，而鞋子的設計也隨之變化。但不管它的鞋跟是收腰形、低跟沙漏形、線軸形或是打了鞋釘，50年代的包鞋都非常女性化。

Saks Fifth Avenue，1954年。

這款雙色包鞋由雷蒙‧馬莎羅於1957年為Chanel設計，從此每一季都出現，但只在鞋跟與鞋頭的形狀有些變化，藉以搭配每一季洋裝款式。到了1990年代，這個Chanel的經典款共有七種鞋跟高度可供選擇，從平底到鑽孔錐跟都已齊備。

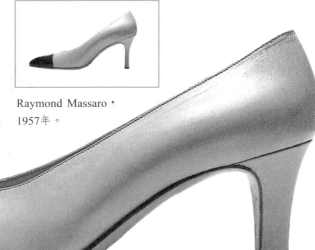

Raymond Massaro，
1957年。

Karl Lagerfeld，1990年代。

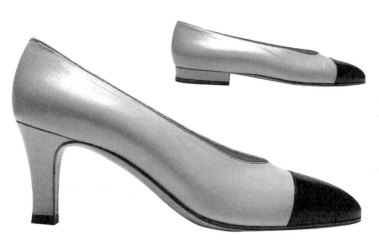

Karl Lagerfeld，1990年代。

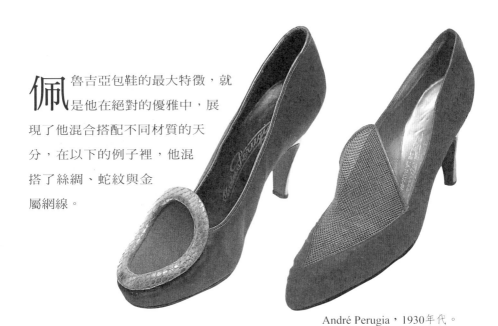

佩魯吉亞包鞋的最大特徵，就是他在絕對的優雅中，展現了他混合搭配不同材質的天分，在以下的例子裡，他混搭了絲綢、蛇紋與金屬網線。

André Perugia，1930年代。

「一雙鞋應如等式般完美，如機械零件般精確至0.1公分。」——安德烈‧佩魯吉亞

André Perugia，1950年代。

費拉加莫的這雙高鞋喉剪裁的包鞋，交替使用小牛皮與麂皮，同時兼顧了舒適與美觀。在二〇年代末期，這是很流行的日間穿著。

Salvatore Ferragamo，1928年。

這雙端莊的觀劇鞋（spectator pump，一種中跟包鞋，鞋頭與鞋跟通常與鞋身使用不同的色調），在90年代有了翻新的面貌，新的設計者是「媚俗大師」陶德·歐罕（Todd Oldham），他所設計的衣服與鞋子，都是根植於他對舊時代款式的熱愛。

Todd Oldham，1990年代。

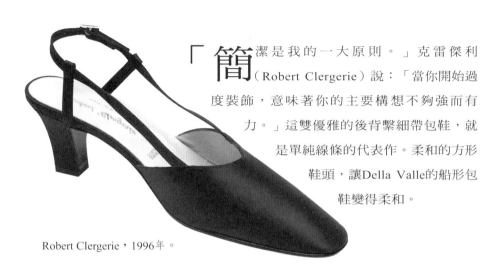

「簡潔是我的一大原則。」克雷傑利（Robert Clergerie）說：「當你開始過度裝飾，意味著你的主要構想不夠強而有力。」這雙優雅的後背繫細帶包鞋，就是單純線條的代表作。柔和的方形鞋頭，讓Della Valle的船形包鞋變得柔和。

Robert Clergerie，1996年。

大約在1822年，美國製鞋師設計並製造了第一雙左右腳不同的鞋子，使用兩個不同的鞋楦。這些鞋稱為「矯正鞋」，大幅地改善了舒適性。

Diego Della Valle，1990年代。

比起其他的顏色，紅色散發出更強烈的磁場與氛圍。在安徒生童話《紅鞋》（The Red Shoes）中，紅鞋讓女主角們不斷跳舞，至死方休。在《綠野仙蹤》（*The Wizard of Oz*）裡，它們是女主角的救星。

Vivienne Westwood，1995年。

克利斯坦‧盧布汀所設計的所有鞋子，不管鞋身是什麼顏色，鞋底都是鮮紅色。這雙鞋的鞋跟可以印下玫瑰花形的鞋印，他為這雙鞋取名為「跟著我吧」（follow me）。

Christian Louboutin，1995年。

即使低調，孟岱爾的鞋子仍看得出大師之手的痕跡。他的藍色絲綢包鞋上面綴著柔軟的同色蝴蝶結，以及優雅的美術館跟（Museum Heel）。

Philippe Model，1980年代。

量產鞋的設計師開始授權給各種商品，從床單到鞋子都有，但Anne Klein卻雇用了一流的設計師，包括在九〇年代雇用的瑪諾羅・布拉尼克。這雙褶飾的鞋面與莎賓娜鞋跟的絲絨包鞋，是這個品牌的經典作品。

Anne Klein II，1990年代。

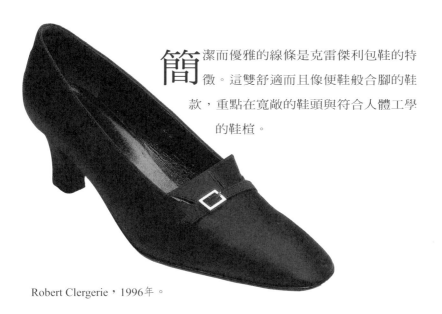

簡潔而優雅的線條是克雷傑利包鞋的特徵。這雙舒適而且像便鞋般合腳的鞋款，重點在寬敞的鞋頭與符合人體工學的鞋楦。

Robert Clergerie，1996年。

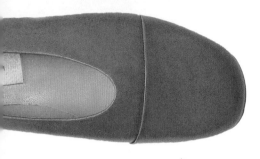

Fausto Santini，1995年。

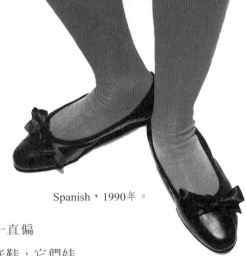

Spanish，1990年。

儘管潮流來來去去，有些女人一直偏愛低跟鞋。這些經典款的平底鞋，它們娃娃鞋的寬鞋頭，勾起我們「薩帕提拉斯」（zapatillas）鞋（右上圖）搭配粉紅色絲襪，出現在鬥牛場上的印象。

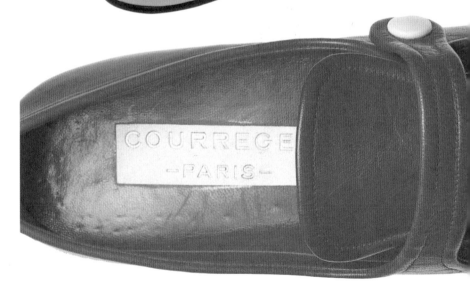

A-Line，1995年。

COURREGE
-PARIS-

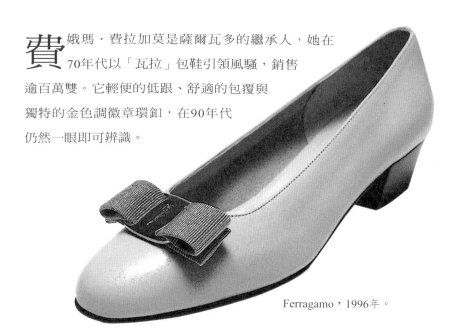

費娥瑪‧費拉加莫是薩爾瓦多的繼承人，她在
70年代以「瓦拉」包鞋引領風騷，銷售
逾百萬雙。它輕便的低跟、舒適的包覆與
獨特的金色調徽章環釦，在90年代
仍然一眼即可辨識。

Ferragamo，1996年。

安德烈‧庫烈吉（André Courrèges）
是量產的鞋類設計師中，首先將
自己的名字打在鞋上的設計師之一。這
雙平跟的瑪麗‧珍包鞋，鮮豔的顏色
與誇張的方形鞋頭與鞋舌，是他未來
派服裝的完美配件。

André Courrèges，1968年。

若談到繫踝帶的包鞋，不論是哪個年代或哪位設計師，都以二〇年代為範例——那是一個非法酒吧、狂野派對與徹夜跳舞的時代。

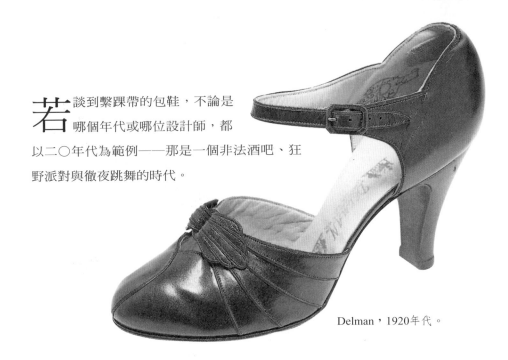

Delman，1920年代。

William Ivey Long，1990年代。

Bally，1936年。

凡走過必留下足跡
瑪麗・珍鞋

童年時代最典型的便鞋，就是瑪麗・珍鞋。這種平跟、鞋頭寬敞、單繫鞋帶的正式派對鞋，象徵了幼兒變成小男孩或小女孩。這個名字出於連環漫畫《Buster Brown》中的角色，首先出現在1902年紐約的《先驅報》（Herald）上。它的簡單樣式隨著時代而有著些許的變化。秀蘭・鄧波兒（Shirley Temple）在1934年推出的《Baby Take A Bow》裡，穿了一雙白色的瑪麗・珍鞋蹦蹦跳跳。小約翰・甘迺迪（John Kennedy, Jr.），二世在約三十年後，也穿同款鞋向父親的骨灰敬禮。

至今瑪麗・珍鞋最常用的材料，仍是黑色的亮面漆皮，但它的單繫帶才是辨識款式的關鍵。它們的角色就像單車上的輔助輪，是讓小女孩邁向無帶包鞋前的準備。直到60年代，這款鞋才從學校操場延伸到工作場合。在那個年代的「青年學潮」中，傳統的女裝被揚棄，而以頌揚純真的流行所取代，並且將瑪麗・珍鞋的青春形象，轉變得更具政治與性感意味。英國設計師瑪麗・關（Mary Quant）讓融合了女人與小孩為一體的名模崔姬（Twiggy）穿上一件畫家的罩衫，並且套上黑色的踢躂舞鞋，炫耀

T型鞋帶的瑪麗・珍鞋「一個夏日早晨」（un matin d'eté），1996年。

一種笨拙而曖昧的性感。在巴黎，庫烈吉讓他的模特兒穿上迷你束腰外衣、無邊的童帽與圓頭的平底鞋，上面有扣鈕的鞋帶與寬版的鞋舌。

紐約Paraphernalia的品牌設計師貝賽‧強森（Betsey Johnson）從小學時代的舞衣擷取靈感，用平跟瑪麗‧珍鞋搭配短洋裝，鞋帶位置取到腳背的高處。英國《哈潑時尚》雜誌意識到這股娃娃鞋的風潮，撰文寫出「在純真的白襪之上，膝蓋一抹神祕的紅色。」

Bally，1904年。

數十年後，這股風潮在九〇年代初期再度流行，成為「流浪兒風格」（waif）的一部分。新一代的寧芙女神們像是凱特‧摩絲（Kate Moss），穿著緊窄的T恤、薄透的主日學校洋裝與閃亮的瑪麗‧珍鞋，這些鞋子都可以在Gucci、J. Crew甚至馬汀大夫（Dr. Martens）的店都買得到。但是失去了內涵，沒有了六〇年代的政治訴求，這股風潮似乎僅是把女人孩童化了。

彼得‧福斯在1994年推出的「學步」（Toddler）鞋，那是一款從十九世紀孩童的便鞋中擷取靈感的高鞋面瑪麗‧珍鞋，被媒體批評為當季最「傲慢」的配件。福斯表示，他只是簡單

彼得‧福斯的「學步鞋」，1994年。

Hedi Raikamo，1990年。

地想要向童鞋的舒適性與純真氣息表達敬意。另一方面，年輕女性如歌手寇特妮·樂芙（Courtney Love）宣稱自己發明了

號稱是「娃娃妓女」的打扮，卻用這股娃娃裝的風潮，傳送了完全不同的訊息。藉著重新調校這些小女孩的形象，她與其他女人將之變成一種象徵，以諷刺後女性主義的活躍。

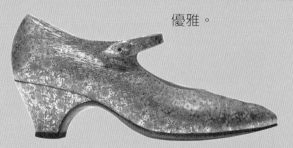

　　瑪麗·珍鞋最近一次變身，是卡文·克萊（Calvin Klein）在1996年的詮釋。它呈

瑪麗·珍鞋是鞋類中的醜小鴨。這是貝妮斯·愛德華以經典改裝的滑稽版，外觀並且包覆了印花棉布。

現的是一個又高又粗的鞋跟，搭配低而長的鞋面與細皮帶。在某方面而言，它成功地結合了孩童的簡潔與純真，以及及成年人的優雅。

Maud Frizon，1980年代。

Glacee，1995年。

V.THE SENSIBLE SHOE:
THESE SHOES ARE MADE FOR…

實用的鞋子：
這些鞋子的功能是……

期的粗皮鞋、原始的木屐、美
洲原住民的鹿皮軟鞋，以及埃及
人的無跟拖鞋，這些樣式都是我們

荷蘭木鞋，1996年。

真正需要的，其他全都是製鞋師的夢想，或是滿
足女人（與男人）的幻想。當設計從功能出發，
而非以流行為考量，在合身舒適戰勝輕佻花俏的時刻，實用的鞋
子是可喜的產物。即使是休閒或是加入更多流行考量的鞋子，仍
然保留完整的功能性。他們提供行走時更多的舒適與自
由，而非造成碎步或跟蹌步伐的元凶。

所有舒適的女鞋款式，主要都是從男鞋衍生
而來。繫帶淺口牛津便鞋與粗皮鞋、吉利運
動鞋與帆船鞋、球鞋與慢跑鞋——它們
一律都是先為男士設計，後來才有女
性款式出現。其他堅固的鞋款如美洲
原住民的鹿皮軟鞋、木屐與平底涼鞋
，一開始的款式則是不分男女的。

手製的美洲原住民鹿皮軟鞋，
1890年代。

實用性（而非虛榮心）啟發了美洲原住民製造鹿皮軟鞋的靈
感，那是最早的男女通用款式，也是當代平跟船鞋的先驅。這些
柔軟的單片式「足袋」包覆了人的雙足，在自然環境中提供了保
護，並且增加行動力。殖民地女性的腳原本在受限而且夾腳的歐
式女鞋中受苦，很快就發現這種鹿皮軟鞋的優點，有些人開始在

室內穿它。當時在歐洲，鞋子仍然是階級的象徵，農人與工人階級的女性穿著實用的鞋子，而上流階級女性被縱容珍愛的腳，則被拘囚在美麗但不實用的鞋裡，以呼應她們擁有特權與不事生產的生活。雖然上流社會的女人也可以穿上馬靴與其他實用性的運動鞋款，但是直至二百年後，大部分的女人才真正認真考量到鞋子的舒適性。

Chanel的平底涼鞋，
1995年。

　　1800年代中期是社會與經濟快速轉變的年代，改變了女人的生活，連帶改變了她們的穿著。女性的選舉權以及服裝的改革行動，鼓勵女性實踐她們身為獨立個體的權利，驅逐束衣的流行，改穿健康、舒適與美麗的衣服。當女人開始在家庭以外的辦公室與工廠工作，她們的衣服與鞋子變得比較不狹窄緊身，而多了實用取向。粗跟的一般女鞋受到主張婦女參政權的女人青睞，使用在遊行抗議的隊伍中，也成為女性在休閒娛樂時的流行款式。更多參加各項運動的女性，她們的腳舒適地套在帆布或橡膠的運動靴或球鞋裡。到了1920年代，女人的身體被解放，她們的腳也同蒙其惠。女鞋開始自男鞋的款式取材，如淺口牛津鞋、粗皮鞋與吉利運動鞋等實用的鞋款，數量開始激增。第二次世界大戰的情況就如第一次世界大戰一樣，讓女人走出流行，穿上更堅固的鞋子或

帆布與皮革的運動靴，由夏洛特‧巴婷（Sharlot Battin）於1994年為舞台劇《維塔與維吉妮亞‧吳爾芙》（*Vita And Virginia*）所設計。

靴子，代替男人走上生產線。

　　繫帶淺口牛津便鞋是美國第一夫人伊蓮娜‧羅斯福（Eleanor Roosevelt）足下絕佳的伴侶，她穿著嚴肅的古巴跟牛津鞋，搭配純絲的連衣裙。但是就如事件的背景發展出自己的意義，穿的人也在她的衣著上刻下她的性格。當伊蓮娜穿著牛津鞋展現出她樸實與堅毅的性格時，凱薩琳‧赫本（Katharine Hepburn）與瑪琳‧戴德瑞希穿上同樣的鞋子，卻讓自己看起來神祕、可愛與舒適自在。取材自男性服飾的長褲套裝與樸實的女性訂製鞋，這兩種互不相干的類型卻混合成一種別緻而隨性的外觀，有力地詮釋了舒適與自在的意義，在全然的華麗中帶有一點古怪，有著性別混淆的弦外之音。穿著牛津鞋的腳，成為造就這種瀟灑風格的決定性關鍵。

獅鼻鞋頭的漆皮亮面牛津鞋，Jan Jansen，1994年。

兒童的馬鞭牛津鞋，1950年。

尖頭運動鞋，1950年代。

鹿皮軟鞋是北美的印弟安人最早穿在腳上的保護。這種鞋柔軟而且有彈性，由鹿皮直接裁剪的一片式結構，可以讓穿戴者迅速而輕鬆地行動。上面裝飾性的貝殼、彩色串珠與染色的豪豬刺圖案，則是每個民族獨特的設計與巧思。

伊洛魁族（Iroquois）印地安人的鞋，1820年。

像這種鹿皮軟鞋的「足袋」，歐洲人在石器時代就出現過。

許多殖民地的女性揚棄硬底的鞋子，改以鹿皮軟鞋當成室內的穿著。印地安女裁縫師為這個新興市場縫製鹿皮軟鞋，並且加上人造的內襯與絲緞綁帶。

蘇族（Sioux），1880年。

直至1915年前的六個世紀，堅固、耐久而便宜的木鞋，是歐洲北方平民的日常穿著。盛裝時穿的木鞋，則會彩繪上花朵與擁有者姓氏的首字，在19世紀的荷蘭，這些鞋子通常使用於週日的教堂聚會與節慶日。

荷蘭，1800年代。

今日許多歐洲與美國的主廚穿上厚厚軟墊的丹麥式木鞋，鞋面的皮革保護腳面免受高溫的噴濺物燙傷。聚氨酯的鞋底設計主要承襲自傳統的木頭底，舒適又可讓主廚在不同區域快速飛奔，不致在廚房滑倒。

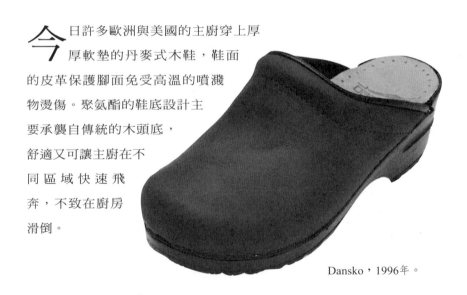

Dansko，1996年。

每人每年平均走
2000哩路。

橡膠鞋底連著低鞋幫，並且附鞋帶的帆布鞋面，出現在1860年代，並創造了附庸風雅的「槌球涼鞋」，由不事生產的有錢人穿著。美國橡膠公司在1917年推出這款「ked」球鞋，是第一雙在市面上大受歡迎的球鞋。Ked是兩個字的組合——拉丁文的「ped」，足的意思；而k則是代表「kid」（年輕人）。

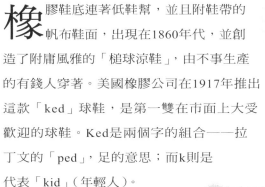

Keds，1996年。

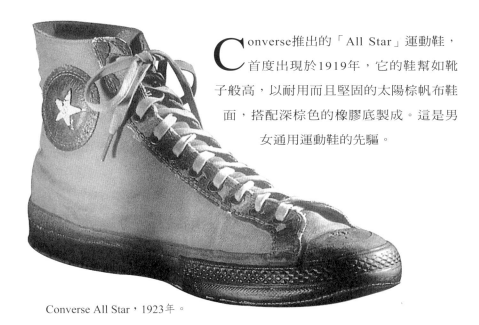

Converse推出的「All Star」運動鞋，首度出現於1919年，它的鞋幫如靴子般高，以耐用而且堅固的太陽棕帆布鞋面，搭配深棕色的橡膠底製成。這是男女通用運動鞋的先驅。

Converse All Star，1923年。

第一雙Nike球鞋於1971年上
市，它的名字來自
希臘神話中展翅的勝利
女神，其特徵是創新
的鞋底紋路、楔形跟，
以及加襯墊的尼龍鞋幫。

Nike Air Max，1990年代。

在1980年的紐約交通大罷
工中，數萬女人穿著正式套
裝，腳上穿著運動鞋，一路
走去上班。從此慢跑鞋成
為被接受的街頭穿著。

Reebok的自由式有氧運動鞋發表
於1982年，特別為女性的腳所
設計。右邊這雙鞋的設計靈感來自
女性的高跟鞋，在90年代中期發
表，名稱是「Nobox」。

Reebok，1996年。

Nobox，1996年。

從左至右：1996年Nike幾款不同功能的鞋底：跑步、散熱、健行與訓練。

在還沒有運動鞋的時代，巴西的印地安民族即將鞋底腳浸泡在橡膠樹汁液中，以達到防水的效果。

體育活動在九〇年代中期開始追求生氣蓬勃的美學，當時運動鞋的鞋底莫不炫耀力學的圖案，並且染上令人眼睛為之一亮的顏色。這種奇幻的外觀，也影響了鞋子的功能：為了跑步以及散熱，鞋子設計了催眠般的螺旋型與鋸齒型；針對健身房內的肌肉訓練，則普遍使用明顯但較平整的花紋。

最原始的Top-Sider鞋是
帆船鞋，上面是皮革
鞋面，下面則接上有摩擦力
的橡膠鞋底，來抓住甲板的
地面。遊艇主人保羅·史貝利
（Paul Sperry）以他的西班牙長耳獵
犬爪子裡深刻的波浪狀溝槽為靈感，
發明了這副他取得專利的鞋底。

Sperry Top-Sider，1996年。

帆船鞋從甲板上流行到街
頭，是從這些發亮的漆
皮Sebagos開始。

Sebagos，1996年。

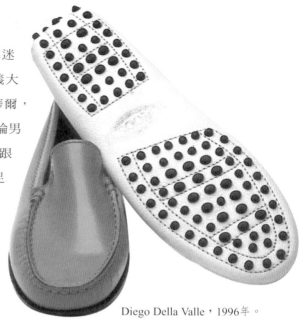

止滑的駕車鞋原是歐洲跑車迷所穿的鞋子，卻啟發了義大利籍的設計師迪亞哥・德拉・華爾，在1979年創造了J.P.Tod。這種不論男女都可穿的古怪軟鞋，鞋底與鞋跟都鑲上小橡膠顆粒，目的是讓足部不致從車子的踏板滑掉。Tod有超過100種以上的顏色可供選擇，成為九〇年代具有代表性的鞋子，人們因為它合腳以及品質精良，對其愛不釋手 。

Diego Della Valle，1996年。

Diego Della Valle，1996年。

B ass 的Weejun是舒適訂製鞋最完美的例子。它的結構和原始的鹿皮軟鞋類似，Weejun也很容易穿脫。它們的別名是「一便士平跟船鞋」，這時尚是來自五〇年代，在鞋面縫入了一分錢硬幣。

G..H. Bass，1996年。

流 行改造了一便士平跟船鞋，讓它變得更時髦。高跟的Chanel船鞋鞋面鑲嵌的，是這家公司特別鑄造的硬幣。

Chanel，1995年。

平跟船鞋的變化是無限的。Anne Klein著名的經典款運用了蛇紋與流蘇總，增加了優雅與正式的感覺。

Anne Klein，1995年。

Gucci的平跟與有跟船鞋，細緻又昂貴，是1970年代貴婦人的標準象徵。它的特徵是挽狀帶子與金屬扣環，這是佛羅倫斯的馬具商人古奇歐·古馳（Guccio Gucci）所製造的馬具的迷你縮小版。

Gucci，1993年。

設計大師
派崔克·考克斯

Patrick Cox

英國新一代的鞋類設計師中，最知名的是派崔克·考克斯，他被媒體暱稱為「MTV界的費拉加莫」，這個稱號是來自他那些充滿想像力但又舒適無比的鞋子，以及那些喜歡收集他作品的媒體。考克斯說：「妳不需要帶著水泡走來走去，這個說法早就過時了。我聽到最中聽的誇讚，是他們到死都穿著我的鞋子。」

派崔克·考克斯，「Wannabe」船鞋的創造者，被包圍在他所設計的各種鞋款之間。

他出生於加拿大的艾德蒙敦（Edmonton），後來移居倫敦，在著名的克德威納學院（Cordwainers College）學習鞋類製造。在離開

宮廷鞋，1990年代。

Union Jack 的「Wannabe」船鞋，1996年。

學校之前，他已經創造過鞋頭釘
上金屬的短暫風潮，並且接受
Body Map和他的偶像薇薇安‧魏
斯伍德（Vivienne Westwood）
的委託製鞋。

「月球靴」，1994年。

考克斯在1986年
創業，他顛覆性的優
秀設計，立刻引起市場的騷動，包括一雙樣
式簡單的包鞋，鞋跟包覆了一層鎖子甲；
以及一款厚底的牛津鞋，它的楔形鞋底垂墜著絲質
流蘇。在1993年推出「Wannabe」（Want
To Be，想成為某人之意）平跟船鞋的平跟
與疊層鞋跟版前，他一絲不苟地繪製技術解
說圖，就像在畫建築藍圖一樣精細。這款
鞋子幫助他贏得國際性
的聲譽。這款船鞋膨脹

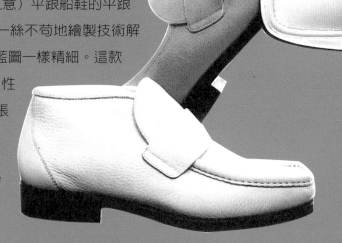

目前已經成為經典的
「Wannabe」各種款式，
1994年。

的容積與誇張到幾乎是卡通造
型的輪廓，使女人腿的
線條更加修長美麗。它
們細緻又奇特的外觀，
很快造成不分男女的大
流行。而他有高跟的船

吉利觀劇包鞋，1994年。

鞋，從此被大量複製、模仿。同時，不斷求新求變的考克斯，也
為男性與女性設計了Wannabe風格的服裝，生產了一系列的皮包
以及小型配件，並且著手設計搭配Wannabe
最好的選擇——Wannabe摩托車。他在美
國、英國與法國都有專賣店，在澳
洲與日本則有代理商，考克斯是潮
流的創造者，喜歡以間接的方式
貼近流行。

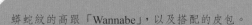

蟒蛇紋的高跟「Wannabe」，以及搭配的皮包。

皮革業界在1950年代末期，發展出豬皮翻絨的技術後，Hush Puppies隨之而起。這個名字起於南方烹飪中，讓廚房中的狗保持安靜的炸玉米球。它們的外觀單調，但是非常舒適。不繫鞋帶的樣式稱「伯爵」（Earls），有鞋帶的是「公爵」（Dukes）。在九〇年代早期，這款鞋推出許多不同的顏色，並且被公認是男女通用的配件中最頂尖的極品。

Hush Puppies，1995年。

英文中暱稱被鞋子磨痛的腳為「吠叫的狗」——這是穿Hush Puppies 幾乎不可能會出現的情況。

Hush Puppies，1996年。

馬 鞍鞋以白色的鹿皮製造，以黑色或棕色的皮製「馬鞍形」點綴鞋背。這種鞋在1910年出現，同時有成人和小孩的尺寸。在五〇年代「美國樂池」（American Bandstand）節目上賣力搖滾的青少年，穿的是厚底馬鞍鞋與厚短襪，身上搭配的是硬布裙子。

在1949年，Buster Brown在馬鞍鞋就有37種不同的選擇。

G.H.Bass，1966年。

讓 男鞋成功地超越性別限制，最重要的是比例。克雷傑利說：「我想要製造男鞋款的女鞋，但是保留女性化的比例。」這雙修長的牛津鞋柔軟且優雅、寬厚且舒適。

Robert Clergerie，
1996年。

靈巧的底部雙色打釘高爾夫牛
津鞋，是爵士年代流行的觀
劇鞋樣式鞋款之一。在三〇年代，打高
爾夫球的女性很喜愛這個鞋款，尤其
欣賞它的瀟灑線條，以及
它身為運動鞋款所表現
出來的俐落與優雅。

Henri Beguelin，1990年代。

這款輕便的觀劇鞋特別加高了鞋跟與強調細孔
和鋸齒狀的裝飾，成為1930年代多功能的街
頭流行鞋款。1990年代卡爾·拉格斐所推出的改
良款則有平跟（左）或
高跟（右）兩款，強調
它男鞋式的翼尖、修改
過的馬鞍形的鞋面以及
形成對比的鞋帶，來
強調它瀟灑的線條。

Karl Lagerfeld，1995年。

THE BELGIAN LOAFER
凡走過必留下足跡
比利時船鞋

它們是獨特、稀有且昂貴的。狂熱於尋找舒適鞋款的時髦人士如此渴望它們，處心積慮要收集每種新推出的顏色。「比利時船鞋」（Belgian Loafer）的鞋底供應商是亨利·班德（Henri Bendel），妳只能在曼哈頓住商區某一個小商店裡找到它們。在班德賣掉同名的百貨公司之後，他快速地進口了一種手工製的軟鞋，鞋形來自比利時一種毛氈製的農人便

在陽光下展出的各種顏色亞麻船鞋。

鞋。在1990年代中期一陣突發的模仿風潮後，班德為這款鞋重新命名為「比利

絨面比利時船鞋。

每隻鞋的皮革內襯都以手工一絲不苟地細針縫製。

時便鞋」，但是許多年來，它的
經典款一直被認為是比利時船
鞋。這款鞋子完全由比利時的工
藝師在家手製，小牛皮的低矮楔
形鞋跟上面接著小牛皮的鞋
幫，鞋幫的外圍小心地圍上一道
修長的滾邊。大部分的鞋款上都
有一個手綁的皮製蝴蝶結。

比利時便鞋的設計四十年來不曾改變，但是消費者或收藏者
卻不曾厭倦過。它有各種妳想像得出來的顏色及材質——棉布或絲
緞、比利時亞麻、蜥蜴皮、漆皮、皺絨或麂皮。

鞋子有時是政治立場的告示牌，狄馬洛（Camille Di Mauro）的「自由派」鞋子是為了慶祝第二次世界大戰結束，而梅耶的便鞋上有愛滋病的紅絲帶標誌。Moschino將六〇年代愛與和平的象徵，點綴在他八〇年代所設計的鞋款上。

Moschino，1980年代。

Camille Di Mauro，1994年。

Paul Mayer，1992年。

艾瑪·龐貝克（Erma Bombeck）說：「如果鞋子不令人腳痛，那雙鞋便沒有樣式可言。」莫德·弗列松以這款又時髦又舒適的背後細帶楔形鞋，證明她的話是錯的。

Maud Frizon，1980年代。

有延展效果的無後跟拖鞋，以單片的織品精巧地編製而成，它可以像手套般包覆足部，感覺上就像第二層皮膚般貼合。這款文雅又舒適的先驅設計，最早出現在九〇年代初期，成為那個年代最多人模仿的款式之一。

Philippe Model，1995年。

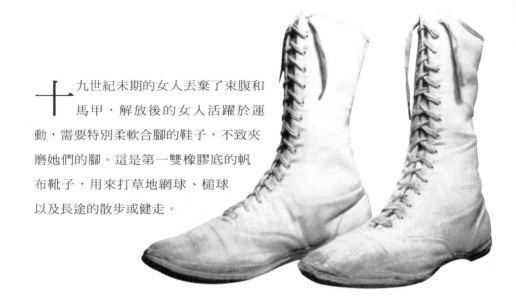

十九世紀末期的女人丟棄了束腹和馬甲,解放後的女人活躍於運動,需要特別柔軟合腳的鞋子,不致夾磨她們的腳。這是第一雙橡膠底的帆布靴子,用來打草地網球、槌球以及長途的散步或健走。

加拿大,1915年。

尖頭的腳踏車長靴可以幫助穿著長裙的初學者找到腳下的踏板。木頭的鑲片插入小牛皮中,提供了通風的空間;而鞋面上的洞眼,可以預防鞋帶鬆脫。

美國,1895年。

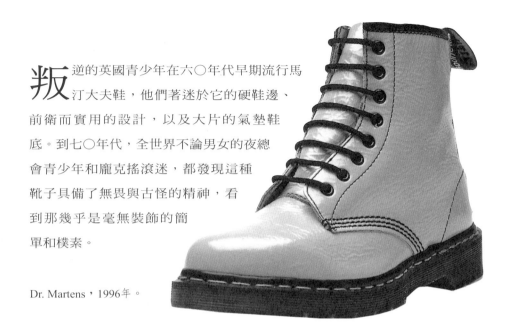

叛逆的英國青少年在六〇年代早期流行馬
汀大夫鞋，他們著迷於它的硬鞋邊、
前衛而實用的設計，以及大片的氣墊鞋
底。到七〇年代，全世界不論男女的夜總
會青少年和龐克搖滾迷，都發現這種
靴子具備了無畏與古怪的精神，看
到那幾乎是毫無裝飾的簡
單和樸素。

Dr. Martens，1996年。

馬汀大夫鞋在1990年代
成為流行的主流，它
啟發了世界頂尖的設計師，設
計出更時髦與更雅緻的改
良款。

Charles Jourdan，1996年。

Kenzo，1996年。

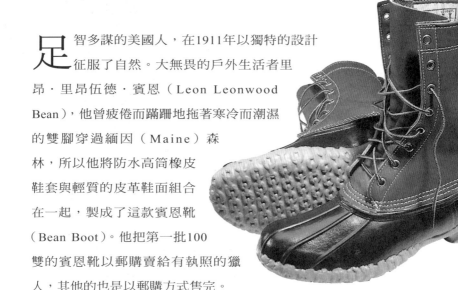

足智多謀的美國人，在1911年以獨特的設計征服了自然。大無畏的戶外生活者里昂・里昂伍德・賓恩（Leon Leonwood Bean），他曾疲倦而蹣跚地拖著寒冷而潮濕的雙腳穿過緬因（Maine）森林，所以他將防水高筒橡皮鞋套與輕質的皮革鞋面組合在一起，製成了這款賓恩靴（Bean Boot）。他把第一批100雙的賓恩靴以郵購賣給有執照的獵人，其他的也是以郵購方式售完。

L.L. Bean，1996年。

設計師史考特・拉金以幽默的感性，改良了經典的賓恩靴。他的靴子風騷又防水，讓重視風格的人也有機會在雨中漫步。

傳奇攝影師瑪格麗特・柏克-懷特（Margaret Bourke-White）在1936年為《生活雜誌》（Life）創刊號拍封面照片時，穿的正是一雙賓恩靴。

Scott Rankins，1993年。

西班牙農人精巧的帆布便鞋「alpar-gatas」，鞋底是以非洲羽芒草編成。1900年初，時髦的度假勝地里維耶拉（Riviera）的上流社會接受了這個鞋款，並將它重新命名為「Espadrilles」。

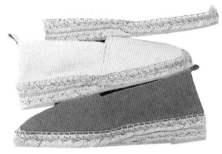

Eddie Bauer，1996年。

可拋棄式的Espadrilles平底涼鞋，1950年在美國流行起來，被視為一般涼鞋外的另一種選擇。Joan & David的「井字棋」版，以堅固而厚重的草編鞋底，耐得起城市人行道上行走的磨損。

Joan & David，1996年。

彼得潘一定會想要這雙像奶油一樣柔軟的小妖精鞋。它弄成帽般的尖形鞋頭，也讓人聯想到宮廷弄臣的靴子。

Manolo Blahnik，1980年代。

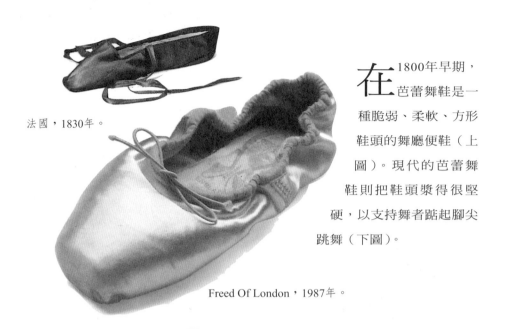

法國，1830年。

在1800年早期，芭蕾舞鞋是一種脆弱、柔軟、方形鞋頭的舞廳便鞋（上圖）。現代的芭蕾舞鞋則把鞋頭漿得很堅硬，以支持舞者踮起腳尖跳舞（下圖）。

Freed Of London，1987年。

銀幕妖精奧黛莉·赫本在1957年帶動了平底芭蕾鞋的流行，搭配以細管的卡布里（Capri）長褲，形成完美的對比。

1940年，Capezio將這種舞台上的配件帶到街頭，當時休閒服設計師克萊兒·瑪卡黛兒（Claire Mccardell）要求公司為這款鞋加一個硬鞋底。這款低鞋面的「漏杓」平底鞋，看來性感又純真，散發出一種嫻靜的質感，又勇敢地讓人瞥見趾縫。

Capezio，1955年。

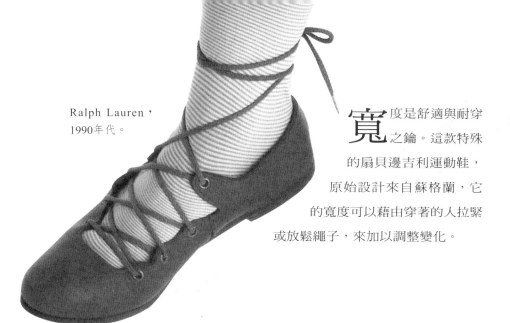

Ralph Lauren，
1990年代。

寬度是舒適與耐穿之鑰。這款特殊的扇貝邊吉利運動鞋，原始設計來自蘇格蘭，它的寬度可以藉由穿著的人拉緊或放鬆繩子，來加以調整變化。

「請妳盡一切的力量，解放女人被束縛的腳。那既不公平，也不有趣，以流行為名，卻教女人磨破腳皮。」——艾比嘉兒・凡・波倫（Abigail van Buren），《請問艾比》（Dear Abby）

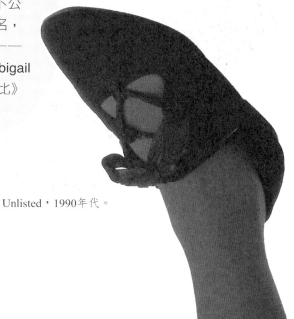

Unlisted，1990年代。

男女通用的勃肯鞋在1967年成為「回歸自然」、「反流行文化」的象徵。它一體成形的塑模鞋底，以及專利的軟木、黃麻與天然乳膠的「鞋床」，盡可能地模仿了腳的自然輪廓，提供了空氣的循環，讓腳趾自然展開。雖然目前勃肯鞋已經生產超過46種款式，但最原始的雙扣帶式「亞利桑那」（Arizona）款式仍舊是賣得最好的一款。

Birkenstock，1995年。

Birkenstock，1995年。

服裝設計師馬可‧傑克伯斯（Marc Jacobs）與藍道夫‧杜克（Randolph Duke）在九〇年代初期，將勃肯鞋推入主流市場，確認了這款厚底經典款的吸引力，以及化約與減法的時尚。不久，蘇珊‧貝妮斯（Susan Bennis）以及瓦倫‧艾德華斯（Warren Edwards）以閃耀的假鑽美化了這款涼鞋，使之成為正式的晚宴鞋。

Susan Bennis Warren
Edwards，1992年。

美國人的「午後靴」
（afternoon boot），
1920年。

VI. GREAT STRIDES: THE BOOT

昂首闊步：

靴子

當貝蒂‧米勒（Bette Midler）曾說過：「給女人一雙好鞋，她就可以征服全世界。」這段即席妙語指的可能是靴子。靴子一直象徵著力量，也是一種法寶。在查爾斯‧貝勞特（Charles Perrault）的童話《穿著長靴的貓》（Puss in Boots）以及《大姆指》（Hop o'My Thumb）中，運氣不好的主角就是藉著偷竊並且穿上迫害者的靴子，因而反轉了自己的命運。就連巴頓將軍（General Patton）都注意到，士兵是如何在穿上軍靴後，搖身一變為戰士。

Bally 的靴子，1880 年代的款式。

在西班牙發現的洞窟壁畫可以回溯至西元前一萬三千年，其中描繪的男人和女人，都穿著獸皮和毛皮所製的靴子。但是性別的角色隨著文化的發展而分化，後來男人穿著靴子大步向前征服世界，女人卻在家裡穿著過度細緻、只適合在閨房中穿的拖鞋。在歷史上的某個年代，實用的女鞋，可能會令這個世界亂了套。事實

這個護腿甲，外形類似貞德所穿的男性長靴。

上，聖女貞德（Joan of Arc）被指控為女巫的造反證據之一，就是她穿了過膝的男性長靴。在18世紀，靴子超越一般鞋子的地位，成為男性的流行鞋款，但上流社會的女性仍然繼續穿著她們易損壞的絲質或絨製的鞋。例外之一是騎馬靴，這是男人長靴的縮小版，也是女人被允許在馬背上穿著的鞋子。

直到1830年，毋需工作的女性才開始在生活中穿上靴子。為了讓女人的靴子看起來更優雅，新款的及踝短靴採用窄鞋楦的設計，並且用釦子或鞋帶讓鞋筒緊緊地貼在腳背上。它們的用意是包裹住肌膚，不能表現出性的誘惑，但是結果卻剛好相反。小牛皮提升了塑形的功能，讓腿部看起來極端挑逗。

德國半靴鞋套，1830年。

靴子在1850年代大量生產，成為女佣人與主人都喜受的鞋款。它們不再代表穿戴者的階級，靴子成為性別與社會族群逐漸趨向於平等的象徵。

二十世紀則讓女性的靴子第一次走上流行舞台。靴子大量增加，各種全新的款式、材質、長度與靴跟高度大行其道。穿上靴子的女人驕傲地炫耀，不再由男人專顯靴子的風情。1960年代掀起一陣迷你裙熱潮（可可‧香奈兒（Coco Chanel）為這個熱潮取了個綽號：「肉體展覽

François Pinet，1870年。

會」），女性的腿第一次如此大方地展露在外。靴子突然不再是罕見的配件，而成為支配了整個女性外觀的決定性角色。從低幫的披頭四（Beatles）短靴到過膝的長靴，靴子大膽地成為眾人目光的焦點，宣布女人脫離了傳統女性化的服裝，得到新的自由。

奇形怪狀的長靴出櫃，並且走上流行的伸展台。部分得感謝約翰·屈伏塔（John Travolta）所主演的電影《都市牛仔》（Urban Cowboy）在八○年代風行一時，牛仔靴（以及工作靴）從它的功能性逐漸演化及美化，突然成為一時的流行。今日的馬汀大夫鞋是男女通用的典型靴款，各種街頭族群包括光頭族、龐克、迷幻草根搖滾（Psychobilly）到車庫搖滾族（grunge），都穿著它們。而戰鬥靴在瑪諾羅·布拉尼克的設計之下，從牛仔裝到性感內衣都可以搭配。

雖然間隔了好幾千年，但是靴子終於再度為兩性所共有。

80年代過膝的靴子，史黛芬·史布魯斯（Stephen Sprouse）所設計。

Stephane Kelian 的吉利靴 1980 年代。

是維多莉亞·普拉特（Victoria Pratt）的「跑步靴」，1993年。

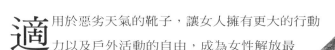

適用於惡劣天氣的靴子，讓女人擁有更大的行動
力以及戶外活動的自由，成為女性解放最
早的象徵之一。在最早的款式裡，這種脆弱
而不切實際的靴子，鞋頭套上皮革或是
以皮革製成，如這雙「艾德萊德絲」
（Adelaides）。

埃及，西元800年。

英國，1830年代。

最早使用靴子的，是中東古代的美
索不達米亞人。這款精緻的小羊
皮靴以鞋帶固定在腳上，鞋面上有金色的
圖案。在超過1000年前，這款鞋子由埃
及的土著基督教會信徒所使用。

靴子一度曾被認為不能襯托出女性的足部之美，遲至
1830年，有一款時髦的側邊綁帶靴成為時
尚，它才成為時髦及流行的鞋款之一。這種更細緻
華麗的短靴被稱為「艾德萊德絲」，這個名字
來自威廉四世（William IV）的妻子。

義大利，1852年。

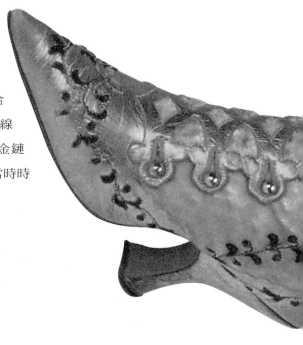

在十八世紀，繫帶的束衣形塑出女人的軀幹，合身的帶釦馬靴形塑她的小腿線條。這些世紀之交的作品，以金鏈與奢華的天鵝絨，展現了靴子當時時尚的極致。

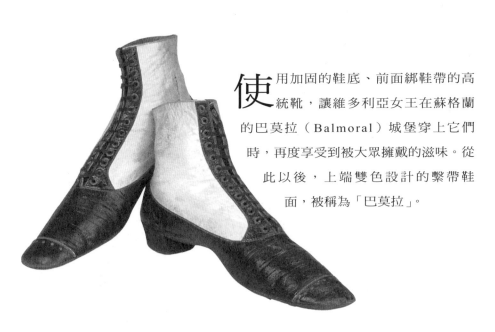

使用加固的鞋底、前面綁鞋帶的高統靴，讓維多利亞女王在蘇格蘭的巴莫拉（Balmoral）城堡穿上它們時，再度享受到被大眾擁戴的滋味。從此以後，上端雙色設計的繫帶鞋面，被稱為「巴莫拉」。

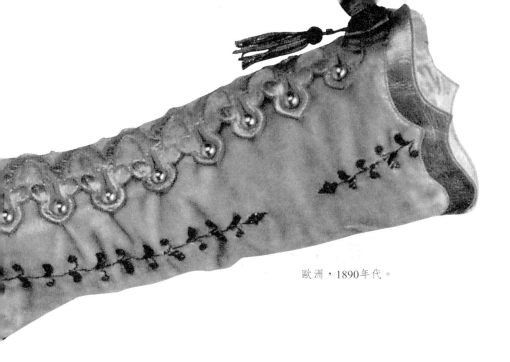

歐洲，1890年代。

在歡樂的九○年代，這一類點綴著花鳥圖案的華麗靴款，經常受到歌劇從業人員的偏愛，因此又稱為「歌劇靴」（opera boots）。

François Pinet，1890年代。

義大利，1880年。

有些女人希望在走路時足下閃現光芒，因此啟發了製鞋者在鞋上加上絲料及金屬的螺紋刺繡。為了強調腳踝的線條，鈕環比鞋帶更受喜愛。

義大利1885年　　　　　　　　　　法國1857年

長褲靴之所以如此命名，是為了搭配女性的套裝長褲，六〇年代時受到大家的喜愛。大衛·艾文為紐約名流貝比·巴瑞（Babe Paley）製造了這些鱷魚皮圖案上鑲銀鏈的靴子。

在1950年代的英格蘭，年輕的溫和派穿的是「掘螺靴」（winkle-pickers），那是一種尖頭的短筒靴，看起來似乎可以用來挖出海蝸牛或蛾螺。

David Evins，1967年

佩魯吉亞所設計的這雙襪靴,以延展性的布料製造,為腳踝製造一種性感的效果。

André Perugia,1930年代。

有彈性的邊帶,可能是查理斯・古意爾(Charles Goodyear)研發出硬化橡膠的技術之後的產物,讓靴子可以快速地套上或脫下,以適應女人越來越忙碌與高要求的生活方式。

法國,1890年。

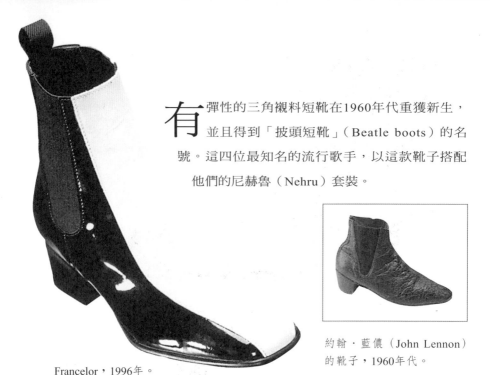

有彈性的三角襯料短靴在1960年代重獲新生，並且得到「披頭短靴」（Beatle boots）的名號。這四位最知名的流行歌手，以這款靴子搭配他們的尼赫魯（Nehru）套裝。

Francelor，1996年。

約翰·藍儂（John Lennon）的靴子，1960年代。

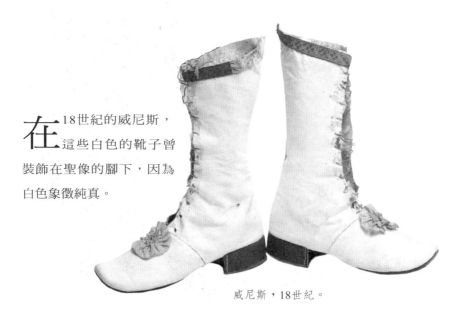

在18世紀的威尼斯，這些白色的靴子曾裝飾在聖像的腳下，因為白色象徵純真。

威尼斯，18世紀。

在19世紀末期的美洲，經常舉辦各種主題的化裝舞會。女人以她們所選擇的主題，裁製自己的服飾——在左圖這個例子中，主題是骨牌遊戲。

美國，1870年。

中國的製鞋者以靴子的鞋底等基本概念，製造了纏足的弓鞋，但上面美麗的刺繡卻是女人自己做的。裝飾與繡工越華麗，穿的人得到的評價就越高。玫瑰的圖案象徵長壽，竹子是幸運，水仙花是復甦與更新。

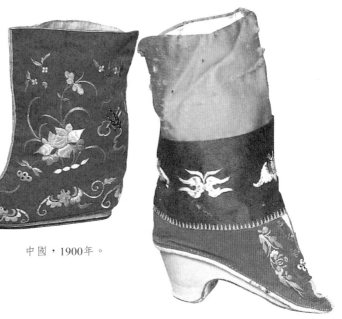

中國，1900年。

中國，1900年。

這些鞋子不是用來走路的。它們取代了便鞋，套在纏過足的小腳上，並且讓鞋子看起來是整條腿延伸的一部分。

中國，1900年。

維多利亞時代的道德觀要求女人的鞋踝不得外露，藉以迴避男人窺探的目光。諷刺的是，這種緊繫住足踝的綁帶靴子，卻有十足的勾引效果。

François Pinet，1870年。

法國，1890年。

這雙以菩提綠的小羊皮為材質，使用了穩固的路易（Louis）鞋跟的實用長靴，以17顆珍珠鑲銀的釦子，增添了流行的元素。

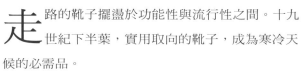

在1880年代，女人鞋子上裝釦子，是非常基本的設計。

Edward Hayes，1880年代。

走路的靴子擺盪於功能性與流行性之間。十九世紀下半葉，實用取向的靴子，成為寒冷天候的必需品。

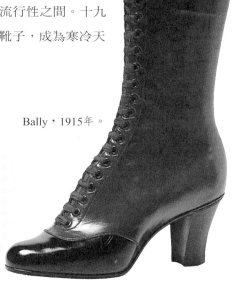

Bally，1915年。

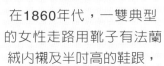

在1860年代，一雙典型的女性走路用靴子有法蘭絨內襯及半吋高的鞋跟，大約賣5.5美元。

女人的騎馬靴和男人的不同，傳統上缺乏裝飾。Bally的柔軟皮革與俐落的整體外觀，讓這些鞋子離開了運動的競技場，成為日常流行的穿著。

Bally，1995年。

及踝短靴加高後，的確可以拉長腿部的線條。雷納・曼奇尼（René Mancini）的網孔版短靴（對頁）露出足弓，有些人認為這是整個腳掌最性感的一部分。

René Mancini，1995年。

Todd Oldham，1995年。

一萬五千年前發現於西班牙洞窟岩畫的靴子，是世界上首度出現的鞋子形象。

鏤空圖案本身就是排逗與裝飾性的。1880
年起，英國的「魚骨靴」讓底下的彩
色絲襪娛樂性十足地驚鴻一瞥。與此同
時，巴黎人製作了緞面靴子（下圖
左），剪裁本身就要露出腳踝。
Rankin靴子的鏤空方式，
靈感得自古埃及的
眼睛畫像。

英國，1880年。

Scott Rankin，1993年。

Jack Jacobus，1900年代。

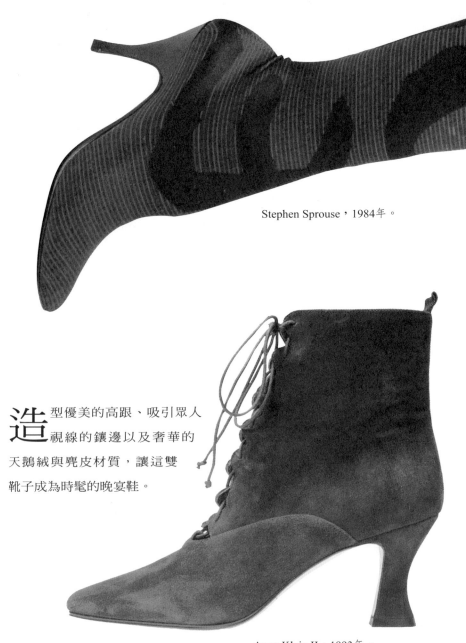

Stephen Sprouse，1984年。

造型優美的高跟、吸引眾人視線的鑲邊以及奢華的天鵝絨與麂皮材質，讓這雙靴子成為時髦的晚宴鞋。

Anne Klein II，1993年。

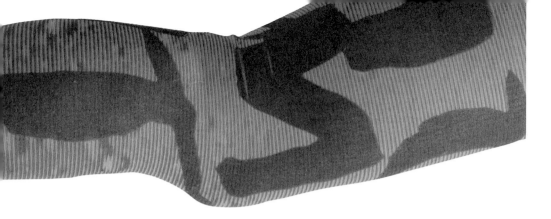

史 蒂芬・史布魯斯（Stephen Sprouse）設計的這雙有延展性的長筒靴，上面以絲布拼出美國太空總署所攝的月球表面，並且外加了另一個文明的文字。

Lisa Nading，1994年。

Charles Jourdan，1988年。

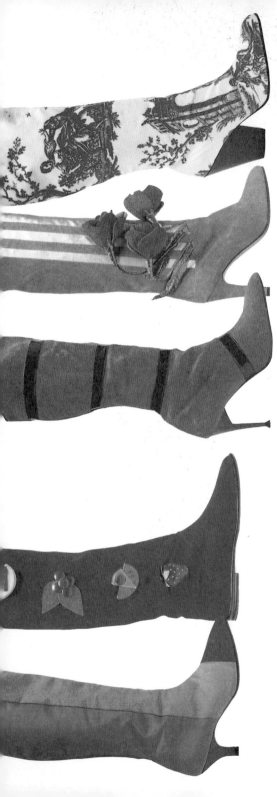

Vivienne Westwood，1996年。

Paul Mayer，1984年。

Bernard Figueroa，1993年。

靴子的皮面越大，讓設計者有更多的揮灑空間。這雙引人注意的靴子不只是配件，而是整體打扮的焦點。

Two City Kids，1990年。

Jimmy Choo，1992年。

DAVID LITTLE
設計大師
戴夫・利透

工作中的戴夫・利透。

　　從一個櫃子的抽屜內部，可以看出木工師父的專業功夫：從訂製的牛仔靴靴底，則可以看出製造者的技術。以當代而言，戴夫・利透做出全德州最好的鞋底。「他使用一套歐洲很傳統的拋光技術，」權威人士吉姆・安諾特（Jim Arndt）說。「而且靴子的底部就像靴面一樣漂亮，彷彿細緻上過蠟的地面。」戴夫・利透的靴面與靴筒，選材包羅萬象，從小牛皮、鱷魚皮、食蟻獸到海鰻，都是彰顯匠師完美手藝的活見證。而且，還有傳說中神奇的舒適性。「不要相信訂製的製靴師說妳的靴子需要使一點力才能穿進去，」利透說：「當妳離開製靴舖，妳應該已經感覺不到腳上有穿任何東西。」

德州樣式，1995年。

利透的型錄，從1996年今。

利透是桑‧安東尼（San Antonto）家族第三代的製鞋師，在1966年接管家族事業。五十年前，他的祖父開始為德州牧人製造耐用的工作靴；1940年代，他的父親為當地的農場主人製作更俗艷的靴子「馬鞭上的花花公子」（saddle dandies），這個名稱的由來，是它們鑲嵌了花樣的靴面，以及低重心的鞋跟。戴夫‧利透的靴子男女通用，其特徵是雕工複雜的鑲嵌花樣，圖案則取材自傳統的西部象徵——長角牛、紙牌、仙人掌、玫瑰花與老鷹，明顯是向1920年代典型的馬術會樣式致意。

一雙典型的利透靴，是由12位巧匠所組成的團隊，以留傳數個世紀的古老方式巧手製成。「鞋底師父」製造鞋底，釘上鞋跟，並

古典的牛仔靴。

且以玻璃的邊緣削勻皮革，手塑鞋子的尖頭，以天衣無縫地融入鞋面。「鞋面師父」則捲起鞋身，以細密的針法手縫靴筒，讓靴筒挺立，然後再靈巧地覆上一層截然不同的雕花皮革，讓它看來好像是彩繪上去的圖案。最後是進行總整理的師父，為整雙鞋子修邊、裝飾並且磨光，讓整雙靴子像一部新車一樣閃亮。

3/4英吋的方頭。

這整個過程，總共要花上至少一百道工序。「他重視每一道細節，這種工作態度讓他成為最好的製靴師。」一位德州牧人說，他保存了二十五雙利透的鞋，絕不在連續兩天重覆穿同一雙鞋子。

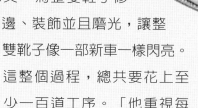

時髦的城市款。

即使他的客人名單上皆是加州當地的名流，戴夫．利透不以這些名女人的名字為宣傳，他說：「令我感動的不是名流，而是一個女人在看到一雙好靴子時，懂得欣賞它的美感與價值。」不管妳是什麼身份，都得等上幾個月，才能拿到妳訂製的靴子。「對於一雙可以穿上一輩子的鞋而言，這種等待不算什麼。」安諾特說：「利透的訂製靴就像精緻的家具，隨著時間而散發光澤。」

男女通用的牛仔靴，上面有代表性的裝飾。土耳其藍的蛇紋滾邊和路易式的鞋跟，為米歇・派瑞（Michel Perry）的小羊皮靴增添活力。總高度十英吋高的「皮威」鞋（Pee Wee，俚語，意指瘦弱、沒有男性威風的人。）靴鑲嵌拉斯維加斯的標誌－－方塊與紅心。

Michel Perry，1995年。

Rancho Loco，1984年。

Rios的靴面以手工製鞋楦，造出一雙極合腳、靴筒與靴面天衣無縫地融合在一起的靴子。Rios使用小牛皮製靴，因為小牛皮比牛皮更輕、更薄，也更堅韌。

Rios Of Mercedes，1995年。

伊 夫・聖羅蘭在一趟
俄國行後，設計了
這些優雅的靴子。他重新再
造了俄國藝術傳承的光彩。

Yves Saint Laurent，1974年。

改 良式的牛仔靴，或所謂的「鞋
靴」，一開始是在三〇年代
為女性方塊舞者而製造，後來成
為搭配牛仔褲的配件。在九
〇年代，設計師如史蒂芬
妮・克里安（Stephane
Kelian）回頭檢視並且美
化這種靴子，使之散發無
限的魅力。

Stephane Kelian，1990年代。

真正的蛇皮拼製，上面鑲嵌珍珠，在六○年代有獨特的誘惑力。異類材質的搭配如豹皮與絲綢，在艾文設計這雙靴子之前，沒有人這麼做過。

David Evins，1960年代。　　　　　美國，1960年代。

吉蘭巴多設計的誇張靴子，是以小片的人造羽毛拼成，似乎在為動物權益請命。戴爾曼的俐落滾邊及踝靴，以皮革彩繪豹紋的方式，表現皮革更樸素的使用方式。

Delman，1995年。　　　Nancy Giallombardo，1990年代。

GO-GO BOOT

凡走過必留下痕跡
人造亮光皮靴

安德烈‧庫烈吉被《女性服飾日報》（women's wear daily）封為「巴黎女裝設計界的柯比意（Corbusier）」，他曾受工程師的訓練，同時也是偉大的西班牙設計師克里斯托伯‧巴倫西亞加（Cristóbal Balenciaga）的打板剪裁師。在1964年秋季服裝發表會上，他同時展現了這兩項

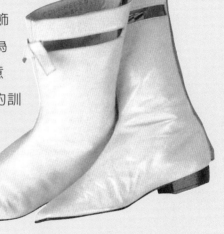

André Courrèges，1964年。

的長才。這個發表會的特色是傘狀裙襬的超短洋裝，腰身部分的布料開挖了方格的小鏤空，並鑲上軟薄透明的塑膠片。頭上的配件是形狀看起來像飛碟的帽子，或是太空艙裡的頭盔。但更革命性的設計非鞋子莫屬：發表會上出現筒高及小腿的低跟靴，以白色塑膠製成，僅在接近靴頂的地方裝飾了一條透明的狹縫。這種

得自庫烈吉靈感的組合，1966年。

　　靴子很快從伸展台上流行到舞廳，它表現的是未來主義太空時代的女裝設計，並象徵了時尚界主權易主，不再由一群巴黎設計師獨大。

　　這種被稱為人造亮光皮靴（Go-Go Boot）的靴子成為當代銷售最佳的鞋款，並且出現各種樣式與長度。它們搭配迷你裙，成為大幅裸露玉腿的服裝。它們也搭配長褲，被許多人視為一種解放的象徵。大量的抄襲與仿製讓庫烈吉在1965年短暫地關掉他的設計公司。雖然他在兩年後重整旗鼓，但他其後的設計，沒有一件比得上這雙小白靴所得到的成功。

羅傑・維維耶的「水晶靴」（Cristal），1966年。

Saks Eifth Avenue，1970年代。　　　　Granny Takes A Trip，1970年代。

「花的魔力」靴，搭配1970年代初期及膝的祖母裙（一種多層次的棉布寬裙），似乎表現出吸食藥物後的迷幻經驗。

個世紀前，花朵錦緞靴從及膝的裙子下面露出來，體現了佛羅倫斯設計的優雅風采。

義大利，1885年。

這雙長度過膝的靴子，是由前女性主義者珍‧芳達（Jane Fonda）在羅傑‧瓦迪姆（Roger Vadim）的電影《太空英雌芭芭莉娜》（*Barberella*）中所穿的，是絲襪與吊襪帶的情色代用品。

Giulio Coltellacci，1968年。

美國，1950年代。

1950年代的套鞋或高筒橡皮套鞋（galosh），鞋面是棉絨與兔毛滾邊，是車廂靴（右頁中圖）的近親。

古羅馬人在惡劣天候所穿的靴子，是由高盧人所穿的靴子改良而來。一段時間後，高盧的靴子演變成高筒套靴。

過膝的靴子本來是海盜和走私者的專利，他們將珍寶財物直接塞進長靴中——bootlegging（非法製造／運輸／販賣私酒）這個字就是這麼來的。

這種襯墊絎縫的優雅靴子稱為「茱莉葉」（Juliet），是寒冬車廂旅行時的穿著。一到目的地，這款鞋就會被脫下來，換上正式的晚宴鞋。

美國，1900年。

威靈頓靴（Wellingtons）是一種笨重的苔蘚綠橡膠鞋，是典型用於英國鄉村出遊時的靴子。卡爾·拉格斐改變它的顏色並且加上Chanel的標誌，給予它正式的地位。

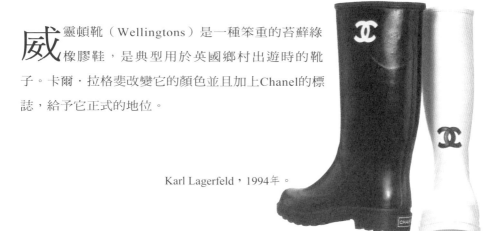

Karl Lagerfeld，1994年。

Nina，1970年代。

VII. STILTED BEHAVIOR:
CHOPINES & PLATFORMS

踩著高蹻行動：
蕭邦鞋與厚底鞋

覆蓋絲絨的蕭邦鞋，
威尼斯，1560年。

幾個世紀以來，男人將女人放在高高在上、遙不可及的位置，加以欣賞、陶醉。而呼應這個想法，有時甚至變本加厲地荒謬表現在流行上。在十六世紀的威尼斯，蕭邦鞋（chopine，一種軟木高底鞋）不僅將女人的腳擺在高台上，而且還經常是史無前例地高至30英吋或以上。蕭邦鞋的厚底以軟木或木頭製作，經常套上一層皮革或裝飾了寶石的天鵝絨，以搭配鞋子的設計。

威尼斯的蕭邦鞋從十五世紀在西班牙大受歡迎的款式（幾乎讓整個國家的軟木供應為之短缺）改良而來，成為社會地位與財富的主要象徵。當主人穿上這麼不切實際的鞋子，必需有兩位僕人隨侍在側，幫助主人站穩。觀光客雲集在威尼斯，只為了看這些高台上的活雕像，但即使面對他們的訕笑，仕女們仍驕傲地穿著它們外出。

20英吋高木頭與皮革製的蕭邦鞋，威尼斯，15世紀末期。

法國與英國都有眾多蕭邦鞋的訂單，那裡的女人在過高的鞋台上堅毅地蹣跚而行，走出家門「遠征」。兩個世紀後，被暱稱為「行走的腳凳」的蕭邦鞋，終於退下流行舞台，因為製鞋師發現，只要降低鞋底前端的高度，高跟的鞋子就會更好

走，從此鞋跟正式誕生，「紅鞋跟」代替了蕭邦鞋的地位，成為身分地位的表徵。

厚底鞋從此就不曾達到像蕭邦鞋那時的風光程度，但是它們在本世紀再度造成每隔約二十年就會再度流行的風潮。第一次流行是在1930年代末期，嬌小、戴著頭巾的卡門·米蘭達（Carmen Miranda，二十世紀三〇年代巴西舉世聞名的影視歌巨星）在好萊塢登陸時，她帶著一箱箱華麗的楔型鞋底，當時歐洲的設計師使用合成材料做厚底鞋，以因應皮革與木頭短缺的情況。費拉加莫接下這個挑戰，以軟木層層相疊，並且覆以上蠟的帆布，創造了他的職業生涯中最值得紀念的鞋子之一。

超級厚底鞋，1970年代。

戰後的年代厚底鞋走出流行舞台，直至1967年才因維維耶而風雲再起，並在迷幻的70年代，成為一種全面性的流行。70年代早期，隨著喇叭褲的下襬變寬，鞋底也隨之加厚，並且變得更華麗。即使醫生嚴正警告這一類厚底、笨拙的鞋子，將造成脊椎的傷害，但男人和女人仍然愛不釋手，其中包括

閃亮的厚底迪斯可舞鞋，1970年代。

Delman的11吋高展示用厚底鞋，1970年代。

流行歌手黛安娜‧蘿絲（Diana Ross）、史戴維‧尼克（Stevie Nick）和擁有數量驚人收藏的艾爾頓‧強（Elton John）等人。

對迪斯可的懷舊之情，在九〇年代初期造成另一股厚底鞋風潮，舞廳中的青少年穿著鑲嵌假鑽的厚底鞋與高背的乙烯基球鞋，狂跺舞池地板。Gap推出相對樸素多了的二吋高楔型跟的皮涼鞋，給那些比較不敢招搖的人。雖然女人穿上它們還是會失態地摔跤（就和二百年前的前輩們並無二致），而且它們不但抬高了妳的腳，也抬高了不少人的眉毛，但大膽預測二十年的時間一到，這種鞋又會再度流行，大約還是錯不了的。

克利斯坦‧盧布汀於1996年推出的設計，在透明的
合成樹脂鞋底裡，詩意地鑲入漂浮的玫瑰花瓣。

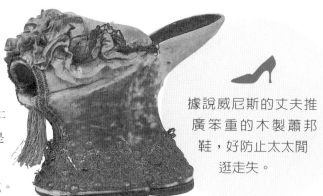

蕭邦鞋以軟木堆
成，上面覆
蓋一層華麗的天鵝絨
軟墊。這雙鞋台底座上
細繩裝飾物的設計，是
由鍍銀的細工飾物以
及華麗的大頭釘所組成。

據說威尼斯的丈夫推
廣笨重的木製蕭邦
鞋，好防止太太閒
逛走失。

威尼斯，1600年代。

多層薩丁尼亞軟木組合的厚底鞋，
是戰爭時期木頭、皮革與鋼鐵短
缺的應變方式。這雙彩虹涼鞋
滲透出來的好萊塢紙醉金
迷的浮華氣息，也
是費拉加莫許
多創作的靈感
來源。

Salvatore Ferragamo，1938年。

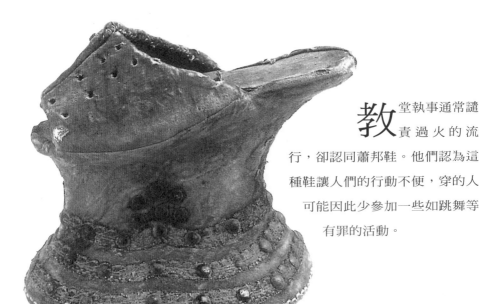

教堂執事通常譴責過火的流行，卻認同蕭邦鞋。他們認為這種鞋讓人們的行動不便，穿的人可能因此少參加一些如跳舞等有罪的活動。

威尼斯，16世紀。

正式場合上使用的日本木屐，上面畫的是菊花與飛鶴的圖案，是年輕的日本女孩在成年式時穿到廟裡去的鞋子。

日本，1950年代。

「威尼斯的淑女是以三
個部分構成的：第一部
分是木頭，就是蕭邦鞋；
第二部分是她們的服裝；第三
部分才是女人。」——某一
位在17世紀遊覽威尼
斯的旅客。

威尼斯，16世紀。

佩魯吉亞的厚底拖鞋，是戰爭時期簡樸的生活之前，最後一道浮誇的喘息。下圖這雙15世紀的蕭邦鞋，它「點與圓」的打孔圖案，是從書本裝訂得來的靈感。

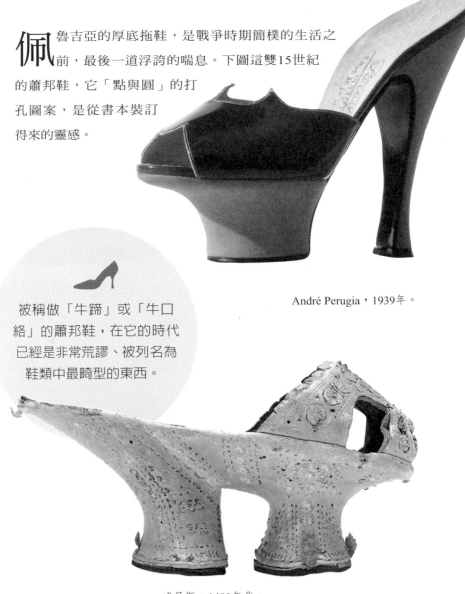

André Perugia，1939年。

被稱做「牛蹄」或「牛口絡」的蕭邦鞋，在它的時代已經是非常荒謬、被列名為鞋類中最畸型的東西。

威尼斯，1490年代。

在奧圖曼帝國，女人穿上高蹺式的涼鞋，以保護她們的腳免於沾上街道與公共澡堂的沙塵。這些木製的涼鞋上鑲嵌青貝，只在特別的場合才穿。

土耳其或敘利亞，20世界初期。

這雙義大利蕭邦鞋，名稱是「柱腳」（zoccolo），下面有7吋高的圓柱支撐，讓足弓懸在半空中，走路成了極其辛苦的任務。

在16世紀的英國，如果新娘穿上蕭邦鞋來虛報身高，丈夫有權取消婚約。

義大利，1600年。

美國，1940年代。   Saks Eifth Avenue，1940年代。

厚底、繫踝帶的鞋在1940年代被人認為是色情淫猥的，而這些鞋還加上一排假鑽或飾釘，看來更加淫蕩了。麗姐·海華斯穿了大衛·艾文的這雙綢緞厚底鞋（左上圖）拍攝的海報，被貼在許多美國大兵的櫃子上。

David Evins，
1940年代。

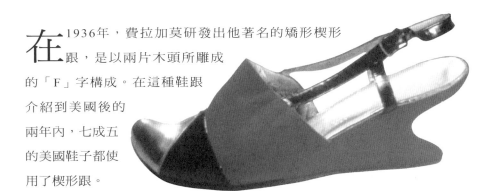

在 1936年，費拉加莫研發出他著名的矯形楔形跟，是以兩片木頭所雕成的「F」字構成。在這種鞋跟介紹到美國後的兩年內，七成五的美國鞋子都使用了楔形跟。

Salvatore Ferragamo，1944年。

由 荷蘭設計師簡·簡森（Jan Jansen）所設計的漂浮的楔形跟，讓鞋跟盤踞在鞋弓的前半部，予人一種無鞋跟高跟鞋的幻覺。以塑膠模製的鞋跟，則成為足部的護墊。

Jan Jansen，1991年。

這 雙雕刻與彩繪的楔形跟鞋，第二次世界大戰後在菲律賓賣給觀光客的時髦紀念品。

菲律賓，1945年。

這雙巴黎占領時期製造的麂皮與稻草合編的厚底鞋，在木製厚底上漆後，再繪上異國情調的圖案，為鞋子增加了不少趣味。

法國，1943年。

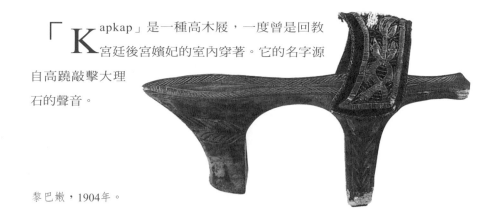

「Kapkap」是一種高木屐，一度曾是回教宮廷後宮嬪妃的室內穿著。它的名字源自高蹺敲擊大理石的聲音。

黎巴嫩，1904年。

阿帕德設計的高架
道路樣式的木屐
跟，巧妙地在鞋骨
上加鏈，提供更好
的彈性。

Steven Arpad，1939年。

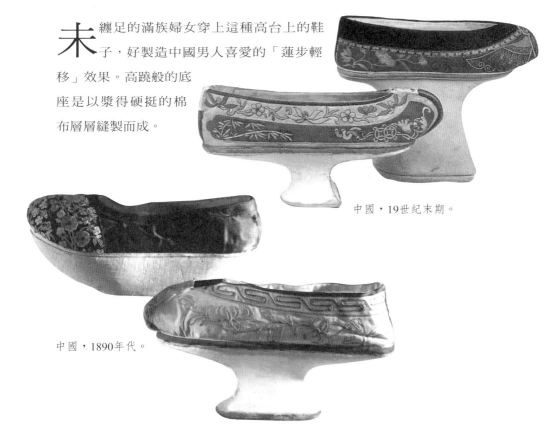

未纏足的滿族婦女穿上這種高台上的鞋
子，好製造中國男人喜愛的「蓮步輕
移」效果。高蹺般的底
座是以漿得硬挺的棉
布層層縫製而成。

中國，19世紀末期。

中國，1890年代。

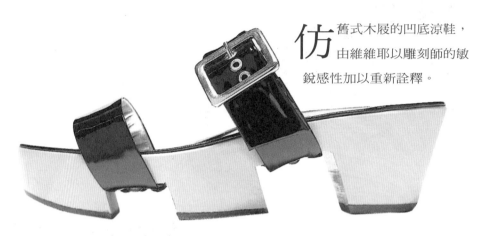

仿舊式木屐的凹底涼鞋，由維維耶以雕刻師的敏銳感性加以重新詮釋。

Roger Vivier，1990年代。

日式的「Renchiba」木屐是一種人字型的木屐，它的台座呈鋸齒狀，是用一片完整的木頭雕出來的。這種樣式傳統上是由最高階級的藝伎「花魁」所穿著，她們會燒掉舊木屐，以新木屐將灰燼踩進土裡。

日本裕仁天皇在1926年登基時，穿的是十二吋高的鞋子。

日本，1984年

設計大師
薩爾瓦多·費拉加莫

薩爾瓦多·費拉加莫，他
的名字是義大利極品工藝的同
義字。他在九歲時就製了生平
第一雙鞋子。他的父母是邦納
托（Bonoito）地區一個小村
莊的貧窮農人，無法供他幾位
即將要首次領聖禮的姐姐們買
鞋，全家面臨必需讓她們穿木
屐上教堂的恥辱。薩爾瓦多因
此向當地的製鞋
匠借用材料，

費列加莫在檢查某一款設計的鞋底，
1952年。

自己做鞋給姐姐們穿。到了14歲，他在附近大
城拿坡里的製鞋舖學成手藝，回家鄉開了第
一間製鞋舖，親自監督六個助手縫製女鞋，
做出整個拿坡里地區最漂亮的鞋子。

第一雙矯形楔型跟，1935年。

16歲時，強烈的企圖心領他到了美國，輾轉來到好萊塢，導演如賽席爾‧德米勒（Cecil B. DeMille，《十誡》、《埃及艷后》等片的導演）和葛里菲斯（Griffith），將他製的牛仔靴、羅馬涼鞋以及軟便鞋帶，全部搬上默片的銀幕。史汪森、黛德瑞希、瑪麗‧碧克馥（Mary Pickford，1892-1979，電影女演員、製片，1975年獲第48屆奧斯卡特別成就獎）以及嘉寶（Greta Garbo）湧進他在好萊塢大道上的店面，購買他時髦、原創而奢華的訂製鞋。費拉加莫以非正統的材料即興創作：「這裡來一塊西班牙披巾，那裡加一片中國錦緞或是一碼印度絲，或是一把斜針繡的椅背。」他以蜂鳥的羽毛與樹皮製鞋，他雕出船首形狀的鞋頭，看起來像是麂皮製的鸚鵡喙。他製造像螺絲錐的鞋跟，並且在考古學界發現圖坦卡門的墓穴後，製了倒金字塔跟。

為舞台而設計的誇張而優雅的厚底鞋，1938年。

但他名動江湖的「頂尖製鞋師」名號不能完全滿足他。他無法理解自己製的鞋子為什麼討好了眼睛，卻磨傷了腳。他因此進南加大進修人體解剖學，學習人體的重

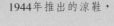

1944年推出的涼鞋，

量如何落在鞋弓上。經過一些實驗後，他完成了不鏽鋼製的鞋骨，埋入每雙鞋子的鞋弓。這是有史以來第一次，女人的鞋子可以舒適又有型。

1942年的楔形跟鞋，鞋面是麂皮的補丁圖樣。

費拉加莫在1927年回到義大利，並且撒下讓義大利成為未來最大時尚王朝的種子。他在佛羅倫斯設點，雇用了專業的工匠雕製鞋楦，再由技巧嫻熟的製鞋師手工釘上鞋面。專家的技藝是他生意的靈魂，並將他推上世界時尚的舞台。

他最有名的創意可能是軟木楔形跟，這也為他在戰爭期間製造厚底鞋的靈感鋪路。整個1940與50年代，他的款式——從鳥籠形黃銅跟到楔形跟麂皮拖鞋——占領了全世界頂尖時尚雜誌的頁面。他在1960年去世，身後留下350項專利，以及現代製鞋業革新者的名聲。「我很高興自己讓製鞋師這個卑微的職業變得受人尊敬。」在他的自傳《夢想的製鞋師》（*Shoemaker of Dreams*）中，他這麼寫著。這個男人的成就是讓「made in Italy」這個標誌，從此成為品質的保證。

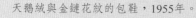

天鵝絨與金鏈花紋的包鞋，1955年。

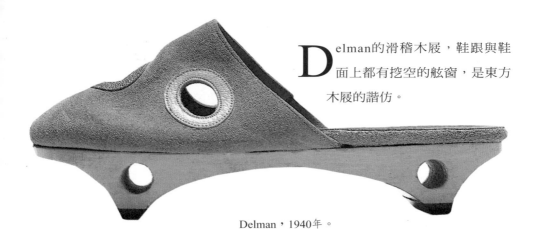

D elman的滑稽木屐，鞋跟與鞋面上都有挖空的舷窗，是東方木屐的諧仿。

Delman，1940年。

鑲 上一層毛邊的套子，保護了這雙日本木屐的鞋頭，但是三吋高蹺式的設計，卻妨礙了平衡。

日本，1980年。

厚 底鞋的鞋底降低了鞋弓的曲度，因此也降低了高跟所帶來的不適。這雙繫踝帶的鞋使厚底鞋再度流行，很適合扭扭舞以及迪斯可舞蹈。

美國，1970年。

對於三寸金蓮而言，楔型厚底並不常見，而且讓纏足的女人走起來更加辛苦。

中國，20世紀初期。

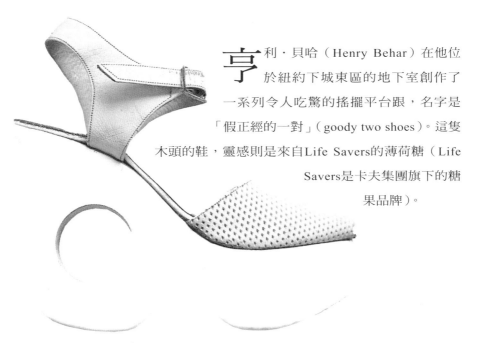

亨利・貝哈（Henry Behar）在他位於紐約下城東區的地下室創作了一系列令人吃驚的搖擺平台跟，名字是「假正經的一對」（goody two shoes）。這隻木頭的鞋，靈感則是來自Life Savers的薄荷糖（Life Savers是卡夫集團旗下的糖果品牌）。

Goody Two Shoes，1970年代。

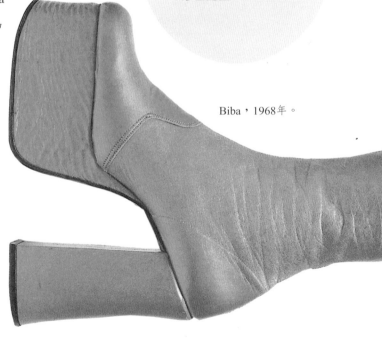

在為數眾多的懷孕婦女從鞋上摔落，並且導致意外流產後，蕭邦鞋便為當局所禁止。但無論如何，直到1800年，蕭邦鞋仍然在整個歐洲地區相當受到歡迎。

威尼斯，1600年代。

相較於上次見妳的時候，妳此番踩在蕭邦鞋上的高度，讓貴婦的身分更接近天堂。——莎士比亞

五吋高的鞋跟、緊貼皮膚的皮製厚底靴，由芭芭拉‧胡蘭尼基（Barbara Hulanicki）為Biba（倫敦名店與服裝品牌，將70年代英國的流行推上世界時尚地圖）所設計。女人在店外拿著鈔票大排長龍，只為了擁有這款靴子。在幾個月內，這款鞋銷售逾7萬5千雙。

Biba，1968年。

厚重耐穿的木製厚底包鞋，是日本設計師川久保玲（Rei Kawakubo）為她的品牌「Comme des Garçons」所設計的，木製的木屐跟與微微上翹的鞋頭，讓它看起來像木鞋。

Comme des Garçons，
1990年代。

1940年代起，所謂的「木製」厚底鞋，通常是以塑膠製造鞋底。羅倫的這雙麂皮厚底鞋在1980年代推出，使用了真正的木頭。

Ralph Lauren，1980年代。

凡走過必留下足跡
厚底軟木涼鞋

在1970年代，穿舊了的厚底軟木涼鞋（Kork-East）是很個性化的配件。這款厚底涼鞋直接出自商店，本身是蒼白的肉色，看起來就像全新的Levis牛仔褲一樣生硬刺眼。大約穿過兩週後，原先色彩黯淡、模糊的麂皮，逐漸被渲染成一種飽合而深暗的綠鏽色，並且由身體的重量與體溫「形塑」了鞋底上軟墊的形狀，留下腳的輪廓。

那個時代，其他的厚底鞋都過度裝飾，而且怪異地誇張地至6吋高。相較之下，厚底軟木涼鞋是基本與正經的款式，是每一個時髦講究的人都會穿出去炫耀的東西。它結合了勃肯鞋柔軟的襯墊，以及當下流行的楔形跟。

朱利阿斯（Julius）與索爾‧史德恩（Sol Stern）在紐約運河街的一家小辦公室，販售厚底軟木涼鞋，他們必需限量供應，因為訂單實在太多了。銷售主任山姆‧賀希（Sam Hersh）

厚底軟木涼鞋，1970年代初期。

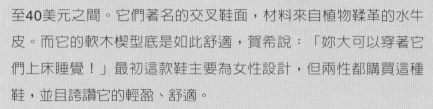

Mia，1993年。

回憶道：「沒有人真正設計過它們，我
們告訴工廠要什麼，他們就做出來了！」

　　厚底軟木涼鞋是平價的——單價在25
至40美元之間。它們著名的交叉鞋面，材料來自植物鞣革的水牛
皮。而它的軟木楔型底是如此舒適，賀希說：「妳大可以穿著它
們上床睡覺！」最初這款鞋主要為女性設計，但兩性都購買這種
鞋，並且誇讚它的輕盈、舒適。

　　時尚設計師貝特希・強森（Betsey Johnson）記得它們是
「格林威治村的玩意兒」，她擁有至少10雙厚底軟木涼鞋，包括最
原始的設計與後來的鮮艷色彩版如鈷藍、銀色與金色亮面。她
說，「在60年代流行過矮胖的鞋子以後，我們需要一些刺激和有
趣的東西。」

　　在90年代中期，矯形鞋底再度成為流行，厚底軟木涼鞋也由
數家公司重新設計上市。

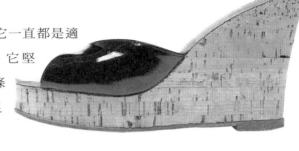

軟木輕質的特性，讓它一直都是適合的厚底鞋材料。它堅韌、可以抵禦惡劣的氣候條件，而且可以很容易塑出足部的輪廓。

Delman，1970年代。

Victoria Pratt，1990年代。

「1972年：第一個女人從她的軟木涼鞋上跌落，數百萬女人跟隨在後。」——《哈潑時尚》

1955年，來自巴西的五尺高「炸彈」卡門・米蘭達，她穿上8英吋的厚底鞋，錄了一首很受歡迎的流行歌《我喜歡高高在上》（I Like to Be Tall）。

美國，1980年代。

大部分的厚底鞋不太嚴肅，以下是兩個好例子：七彩堆疊的橡膠底人字拖鞋（左頁最下圖），以及6吋高的木雕木屐，鞋跟是復活島石像，鞋面是人工草皮。

美國，1970年代。

「妳將我放在展示台上崇拜，在那麼高的地方，我幾乎可以看到永恆。你需要我。」
——蘭迪‧古德潤（Randy Goodrum）

美國，1970年代。

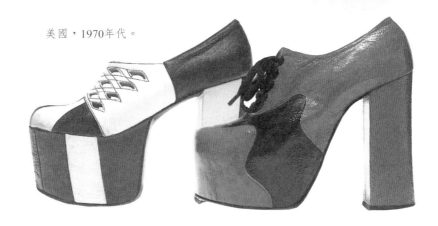

超 高厚底鞋表演者大衛鮑伊，這
位華麗搖滾（glam rock）之王
將這種誇張的樣式與閃閃發
光的色澤帶到街頭，以及
男性與女性的腳下。

美國，1970年代。

在 70年代的一部卡通裡，一個女人穿著特高
的厚底鞋被臨檢。她向警察大嚷：「如果
你接近我，我就跳下去！」

美國，1970年代。

朱 尼的「設陷阱的人」（Trapper）結合了靴子
與高筒運動鞋的設計。在90年代，厚底、高
跟與運動鞋的結合，是一種獨特的時尚。

Cyd Jounu，1994年。

英國設計師尼基・羅勒（Nicky Lawler）和羅莉・杜菲（Lori Duffy）合力設計了丹寧布鞋幫的楔型跟涼鞋，形成90年代厚底鞋的外觀。

Lori Duffy，1994年。

荷蘭設計師簡・簡森意圖使他的鞋子「在視覺上干擾人」。他這雙鋒芒畢露的漆皮厚底鞋，看起來像是一件表面磨光的機械裝置。

Jan Jansen，1996年。

法國設計師高第耶（Jean-Paul Gaultier）經常從街頭與劇院得到設計的靈感。他在古羅馬格鬥士的涼鞋上，加上自己設計的螺旋圖案。

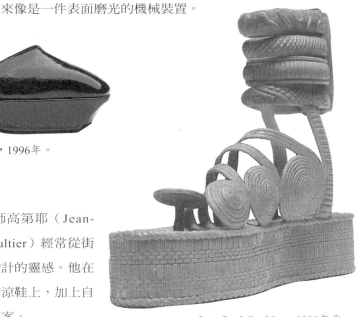

Jean-Paul Gaultier，1990年代。

中國北方的金蓮鞋，
1860年代。

VIII. SHOES OF SCANDAL:
FETISH & LOTUS SHOES

敗德的鞋子：
戀物鞋與三寸金蓮

雖然孕育二者的文化背景不同，但西洋的戀物鞋與嬌小的中國三寸金蓮鞋，都是物化穿戴者，引發觀賞者的性慾。但是西方的戀物癖者比較喜歡被宰制，而在中國，三寸金蓮所象徵的被動性，才是性愉悅的關鍵。專研鞋類歷史的專家瑪麗·托斯克（Mary Trasko）總結兩者的差異，指出西方的戀物鞋一向是「簡潔、有稜有角、外觀像武器」，而東方的金蓮鞋「讓人聯想起內衣，由絲緞構成上部，鞋底有精緻刺繡。」

西方愛鞋人的歷史可以追溯到遠古時代，但是戀物癖者（Fetishism）卻自成一格，在19世紀的英國才出現這個名詞。

七吋紅鞋跟的亮面皮革戀物鞋。

維多利亞時代的壓抑與假道學風氣，讓性必需找到新的發洩出口。由於道德風氣要求女性以曳地長裙與靴子完全遮蔽雙腿，以致男性瞥見女性腳踝，都足以引起性興奮。女性腳踝及其視覺延伸的鞋或靴子，變成身體私密部位的象徵；對女性的腳或鞋子產

英國的「展示靴」（Exhibition boot），1889年。

你不可不知道的經典名鞋及其設計師

生性慾，被視為絕對的禁忌。在這種情況下，倫敦在
1850年代出現色情文學與六吋高跟鞋的蓬勃黑市，
著實不足為奇。

　　一個多世紀之後，雖然出現了《高跟鞋甜心》
（High Heel Honeys）與《超級尖刺》（Super
Spikes）之類的雜誌，戀鞋癖仍然是禁忌，部分原
因是因為它和變裝癖與性虐待糾纏不清。傳統
的西洋戀鞋癖者喜歡發亮的黑色亮面皮革
（看起來「性感」），誇張的高跟鞋（令人聯想
到對性主動的女性）與（漫畫裡穿暴露緊身
衣的波霸女主角腳上常搭配的）過膝蕾絲長

Michel Perry，1995年。

靴。高跟鞋會妨礙行動，有人認為這是某種形式的纏足，讓女性
非常性感。而酷似武器的鞋跟形狀，讓某些渴望被威脅的被動男
性興奮不已。

　　但是每個戀物癖者各有所好，某些飾有掛鎖、背帶與扣釘踝
帶的鞋，可以同時象徵宰制與臣服。根據服飾歷史專家安‧荷蘭
德（Anne Hollander）的說法，這些飾物把腳裝扮成美麗的奴
隸。在極端的狀況下，女性本身完全被忽視，戀物癖者寧可在周
末晚上把玩高跟鞋，便已心滿意足。

　　無論文化背景如何，具體或幻想出來的拘束，似乎都是戀物
鞋刺激性慾能力的關鍵。但是西洋的情色成分由鞋跟高度決定，
中國重視的則是大小。纏足是中華文化中類戀物癖的象徵，但早

在纏足風氣之前，中國社會便偏愛極小的小腳。根據社會歷史學家的說法，西元十世紀的宮廷舞妓便穿著緊身襪讓腳顯小，這個習慣在上流社會傳播開來，逐漸形成殘酷的纏足程序，並成為女性成長的儀式。出身富貴的母親會以占卜決定女兒開始纏足的日期與時辰，通常是在3到8歲之間。纏足前先修剪趾甲，之後將小女孩的四趾向後弓起、綑綁固定，但同時允許大腳趾自由生長，以構成美麗的半月形。每次洗澡後腳被纏得更緊，塞進更小的鞋子裡，目的是形成罕見的極品「三寸金蓮」，亦即只有三寸長度的小腳。此後，女性唯一能看見自己雙腳裸露的機會便是洗澡，或是丈夫在性愛前戲中解開她的腳。

絲緞刺繡的金蓮鞋，1860年代。

成年婦女三寸金蓮的素描。

　　雖然外型扭曲，蓮足卻被視為女性身體最性感的部位，蓮足穿戴的小巧拖鞋或鞋子也一樣惹人喜愛。中國丈夫喜愛他們妻子小小的三寸金蓮，有時甚至放在小碟子上展示，以炫耀其小

兩雙二十世紀的金蓮鞋。

巧。婦女通常擁有幾百雙金蓮鞋，款式視地域和當時流行時尚而異，並且花費很長時間繡上多產、長壽、和諧與結合的象徵。新婚之夜穿著的鞋子則常描繪露骨的性愛場景，當作處女新娘的教材。

1912年中國革命後，纏足風氣不再流行。當毛澤東在1949年正式禁止纏足時，這種風氣幾乎已經在大部分地方絕跡。纏足在公然盛行千年之後，目前已成為恥辱的象徵，金蓮鞋也變成中國人急於遺忘的舊風俗遺跡與收藏品。

諷刺的是，戀物癖過去在西方一直被視為威脅：但是隨著性態度的改變，反而造成戀物時尚的崛起。過去廿年來，戀物癖風格的服飾不只被接納，戀物鞋也被整合到主流時尚之中。

Else Anita，1996年。

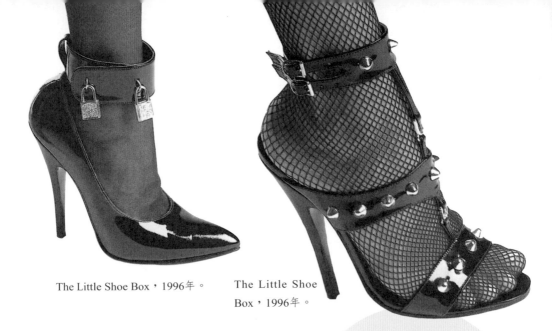

The Little Shoe Box，1996年。

The Little Shoe Box，1996年。

戀足癖術語稱此為踝銬（Ankle Hardware），可以象徵束縛或臣服的意願，也暗示穿戴者把自己當作值得用鎖保管的貴重物品。

「高跟鞋象徵驕傲與特權，是通往頹廢的鎖鑰。」
——女性專欄作家凱倫·海勒（Karen Heller）

佩魯吉亞為巴黎音樂廳的傳奇明星蜜絲婷蓋特（Mistinguett）設計這雙戀物鞋，身材高大的她經常在門口問候各界紳士。佩魯吉亞說過：「每個女人不僅在意自己的腳，也在意其性愛意涵。」

AndrÉ Perugia，1948年。

這雙低鞋喉高跟鞋的特色，是低陷頸線上的大膽裝飾，以強調女性腳背的曲線。八吋高的鞋跟讓人步履維艱，並且向前誘惑地挺出腳部。

奧地利，19世紀。

「在戀物癖者的次文化中，鞋子的欲求度僅次於緊身衣。」——服飾歷史家瓦萊麗・史蒂爾（Valerie Steele）

The Little Shoe Box，1990年代。

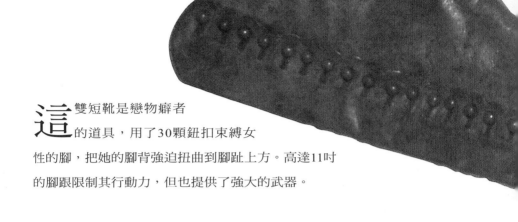

這雙短靴是戀物癖者的道具，用了30顆鈕扣束縛女性的腳，把她的腳背強迫扭曲到腳趾上方。高達11吋的腳跟限制其行動力，但也提供了強大的武器。

世俗觀念認為戀物癖者都喜歡被踐踏，其實不然。有些人喜歡讓女性穿著附馬刺的鞋或靴子刺激。

歐洲，約1890年代。

Thierry Mugler，1991年。

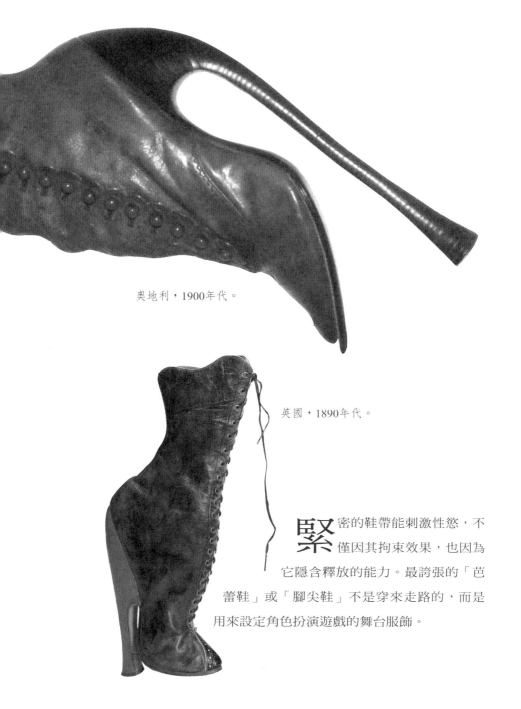

奧地利，1900年代。

英國，1890年代。

緊密的鞋帶能刺激性慾，不僅因其拘束效果，也因為它隱含釋放的能力。最誇張的「芭蕾鞋」或「腳尖鞋」不是穿來走路的，而是用來設定角色扮演遊戲的舞台服飾。

誇張的厚鞋底讓穿戴者提升至女神的地位，產生與現實的距離感，引發禁忌的性幻想。

英國，1970年代。

巴西，1980年代。

以皮革交叉飾帶（右）與魚骨形狀的半鏤空作部分修飾，讓腳掌與足踝更誘人。

歐洲，1938年。

瑞士，1916年。

不受時尚潮流影響的戀物鞋，永遠不會過氣。

Else Anita，1996年。

妖艷豐滿的女星梅・韋斯特（Mae West）在1930年代是新聞焦點與票房靈丹，她從不吝惜展露前凸後翹的身材，並且發明了繞圈扭臀法來平衡八吋高的鞋底，讓她的名言「改天上來看我」（Come up and see me）有了更豐富的意義。

美國，1930年代。

「女神住在天堂裡，她們不必站著，不必走路，而是滑行與搖擺。女神即使開懷大笑，也能在小指頭這麼細的高跟上保持平衡。」——女星羅拉・帕戈拉（Lola Pagola）

奧地利，1935年。

226　你不可不知道的經典名鞋及其設計師

盧布汀的絲絨高跟鞋，用網子與狀似肚皮舞孃面紗的穗帶，來裝飾腳踝。

Christian Louboutin，1990年。

戀物造型可以用時尚來修飾，即使老牌保守的 Chanel，也推出過經典雙色高跟鞋的戀物版。

Chanel，1990年代。

時尚大師
VIVIENNE WESTWOOD
薇薇安‧魏斯伍德

薇薇安‧魏斯伍德是英國祖師婆婆級的時尚大師，她有兩個座右銘：「如果保守，肯定掛掉。」（If it's conservative, it's dead）與「有疑問時，寧可盛裝打扮。」（When in doubt, pverdress.）在高第耶、穆格雷（Thierry Mugler）與亞萊莉亞（Azzedine Alaia）等設計師提出戀物時裝概念的前二十年，亦即1970年代初期，魏斯伍德就穿著細跟高跟鞋、橡皮襪與家常便服在倫敦晃來晃去。她與先前的夥伴麥克勞倫（Malcolm McLaren），在混亂動盪的時代中，成為龐克時尚的創始人。她回憶道：「一切都是源自對傳統穿著方式的不滿，以及某種剛愎倔強。」

就是這雙八吋高跟鞋（1994年）害模特兒在伸展台上跌倒。

隱藏式厚底的傳統高跟包鞋，1995年。

魏斯伍德攝於1996年：看起來拘謹
正常，至少腰部以上是這樣。

她 的
作品一直受
到戀物服飾的影
響，某些甚至命名
為 「 女 巫 」、
「 切 、 削 與
拉 」、「 異 教
徒與野蠻人」，
但是即使是她
穿著上英國電
視或拜謁王室的
透明服裝，也沒
有她誇張的鞋子搶眼。

狂野風潮：「歡欣的宮廷
鞋」（Elevated Court），
1994年。

　　魏斯伍德的本業是設計服裝，會插手做鞋子，是因為找不到
夠特殊的東西作整體搭配。最近十年她與合夥人莫瑞‧布列威
（Murray Blewett）策劃了一系列驚人的鞋類作品，包括讓資深名
模娜歐蜜‧坎貝爾在伸展台上跌跤而暴紅的蕾絲系列。
魏斯伍德的鞋子就像她的衣服，經常仿效人體曲
線。她以一貫的率直方式辯護設計中不切實

「高爾夫狂」（Golf Satyr），1995年。

際的部份，作為嘲弄保
守中產階級的方式。
她說：「不太舒服的鞋
子能凸顯步態，強迫
人們質疑自己走路
的方式。」

亮面皮革鑽孔錐跟長
靴，1994年。「自由」
（On Liberty）系列的高
跟鞋，1994年。

現在這位
時尚界的異類幾乎
備受尊崇，她被
《女性服飾日報》

亮面皮革鑽孔
錐跟長靴，
1994年。

（Women's Wear Daily）譽為全世界最有
影響力的設計師之一。最近她的倫敦店
面都是一群上流社會的忠實擁護者在光顧，她們深愛她的偏激美
學，一點也不在乎她的鞋子頹廢怪異而且不適合穿著。她們像魏
斯伍德本人一樣，認為大多數的時尚平淡陳腐，並且喜歡
兼容傳統與禁忌的設計中所隱含的諷刺。

誇張的奧塞高跟包鞋，因為蹄狀的鞋
跟而稱作「淫神」（Satyr），1995
年。

圓背造型讓Bally這款19世紀末的高跟鞋，以
沙漏曲線取得平衡。費拉加莫的船首鞋
尖（下圖）則是隱喻中古世紀宮廷人士喜
愛的陽具崇拜象徵。

Bally，1890年。

Salvatore Ferragamo，1930年。

皮草與麂皮對戀物癖者而言，就像蛋糕與冰淇淋般甜美。魏斯伍德的公公是位鐵匠，用銅管幫她這雙戀物鞋雕塑了八吋鞋跟的原型。原本打算專為伸展台展示之用，卻在倫敦的專賣店裡賣出300多雙。

「我喜歡名符其實地把女人放在台座上展示。」──設計師薇薇安·魏斯伍德

緊身靴強調小腿的曲線，就像緊身裙突顯臀部曲線。因為女性長靴其實是從男性長靴修改而來，所以帶有曖昧的跨性別涵義，能刺激性慾。

瑞典，約1930年。

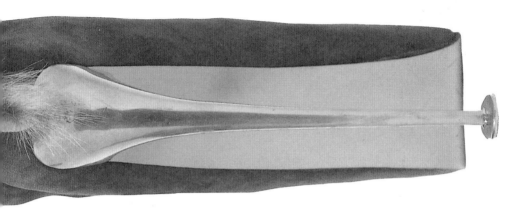

Vivienne Westwood，1995年。

「所有男人的慾望中都有戀鞋癖者的特殊成份。他可能不知不覺間在高級鞋店櫥窗前低聲讚嘆……」——作家奇普·布朗（Chip Brown）

Manolo Blahnil，1990年代。

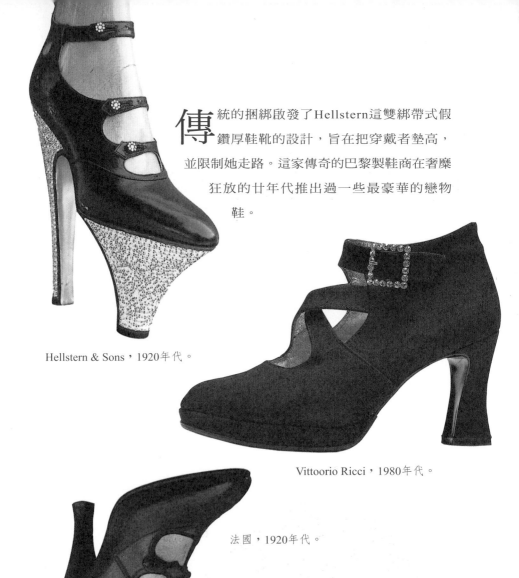

傳統的捆綁啟發了Hellstern這雙綁帶式假鑽厚鞋靴的設計，旨在把穿戴者墊高，並限制她走路。這家傳奇的巴黎製鞋商在奢靡狂放的廿年代推出過一些最豪華的戀物鞋。

Hellstern & Sons，1920年代。

Vittoorio Ricci，1980年代。

法國，1920年代。

黑色是西洋戀物癖的專屬顏色，但是紅色在東西兩大文化中都很盛行。這雙交叉方格設計的及膝長靴，是網綁主題的延伸。

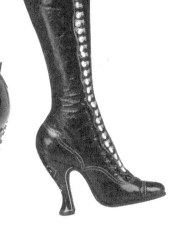

皮革加鉚釘的龐克風格，不僅
表現在政治態度，也遍及
高級戀物時尚，例如這雙聖羅
蘭高跟包鞋。右側這雙
利用30顆鈕扣開閉
的長靴，誘人地延長
了穿鞋與脫鞋的藝術。

Yves Saint Laurent，1985年。

瑞典，約1925年。

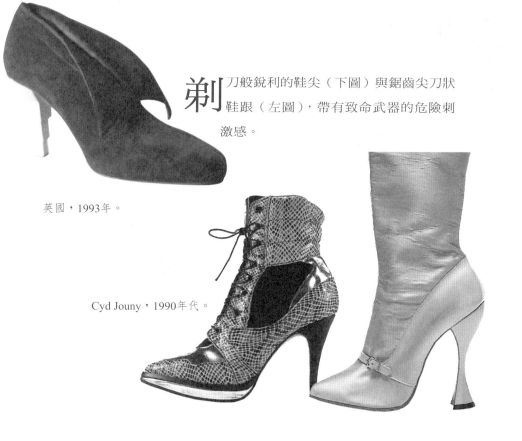

剃刀般銳利的鞋尖（下圖）與鋸齒尖刀狀
鞋跟（左圖），帶有致命武器的危險刺
激感。

英國，1993年。

Cyd Jouny，1990年代。

對某些動物而言，踮高腳跟、伸長雙腿，是發情的生物特徵。尖鞋跟與金蓮鞋（下圖）都強迫女性雙足形成人類學家稱之為「求偶步伐」的姿態。

美國，1990年代。

「或許女性曾經危險到必須纏足的程度。」——華裔女作家湯婷婷（Maxine Hong Kingston）

中國，約1890年代。

金蓮鞋的腳跟部位經常加上雅緻的杯狀，還被整合到男性的飲酒文化中。

中國，19世紀末期。

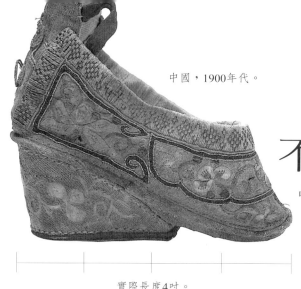

中國，1900年代。

不到三吋的「三寸金蓮」，是纏足文化的極品。這雙鞋屬於擁有「銀蓮」的婦女，腳長僅4吋。

實際長度4吋。

中國北方，1880～90年。

鞋跟部位中央上方的彈簧蝴蝶，會在主人（或愛人）移動她的迷人小腳時振翅抖動。這雙極罕見的銀蓮鞋（右下圖）或許是中國妓女取悅恩客之用。

中國北方，1880～90年。

每雙金蓮鞋的配色與刺繡圖案都有象徵意義，這雙紅鞋的牡丹主題，顯示它是春季穿的。上海風格的黑鞋（下圖）則顯示這是年長婦女穿的。

中國，約1900年。

「纏小腳，纏小腳，一過門，回不了。」
——中國民謠，
1900年。

中國，約1880年。

款式時髦的前戲鞋，有稱作「廟門」的鞋舌，與稱作「梯檔」的鞋帶。穿上床的金蓮鞋經常描繪情色場景，比日常生活穿的鞋還容易磨損。

中國，20世紀初期。

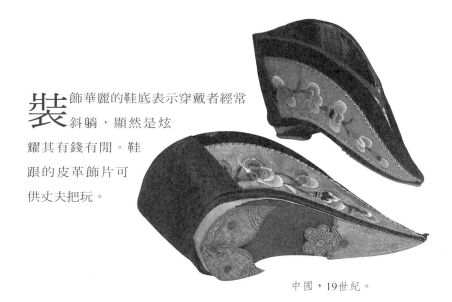

裝飾華麗的鞋底表示穿戴者經常斜躺，顯然是炫耀其有錢有閒。鞋跟的皮革飾片可供丈夫把玩。

中國，19世紀。

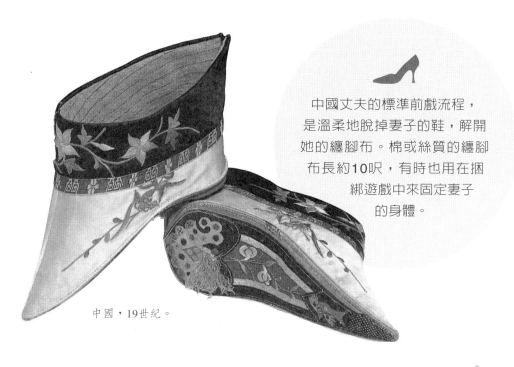

中國丈夫的標準前戲流程，是溫柔地脫掉妻子的鞋，解開她的纏腳布。棉或絲質的纏腳布長約10呎，有時也用在捆綁遊戲中來固定妻子的身體。

中國，19世紀。

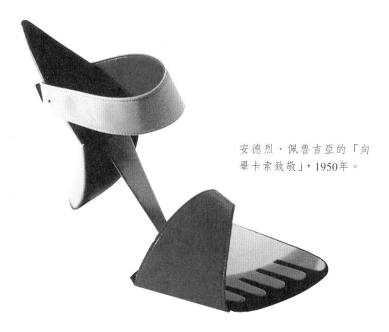

安德烈‧佩魯吉亞的「向
畢卡索致敬」，1950年。

IX. ART & SOLE:
ONE-OF-A-KIND SHOES
藝術與鞋跟：
獨一無二的鞋子

某些鞋子的設計概念與執行製作很特殊，從設計師的幻想化成在腳上實現的美夢，讓鞋子躋身藝術品行列。

畢生致力於設計完美鞋子的薩爾瓦多‧費拉加莫，自認為是「夢想的製鞋師」。他在自傳中表示：「美是沒有極限的，設計也沒有飽和點。製鞋師可能會拿來裝飾其作品的材料，是沒有任何限制的。」

獨一無二的鞋子融合各種想像得到的材質，從怪異、奢華到聰明、創新皆有，從珍珠、中世紀風格的紡織品、羽毛、魚鱗，到人造材料與郵票等都可以涵納進去。

某些設計可說是科技冒險的饗宴，無視重力而克服了鞋匠最大的挑戰——例如看起來沒有支撐的「無跟高跟鞋」；或者像貝絲‧列文那樣的「上空」拖鞋。

王牌登場：學生設計的大膽圖案，1996年。

或許最出名的特製鞋子，就是電影的道具鞋。這類設計必須能傳達角色個性或氣氛，或者從無到有地塑造人格。最出名的一雙電影道具鞋，或許甚至是全世界最出名的鞋，無疑

Anna de Logardiere 的道具鞋，1994年。

是茱蒂·嘉蘭（Judy Garland）1939年在
《綠野仙蹤》片中的發亮紅寶石便
鞋。當她踩著輕快腳步，沿著
黃磚路迎向地平線彼端的冒
險，那種神奇的效果，至今
仍然沒有人可與之匹敵。

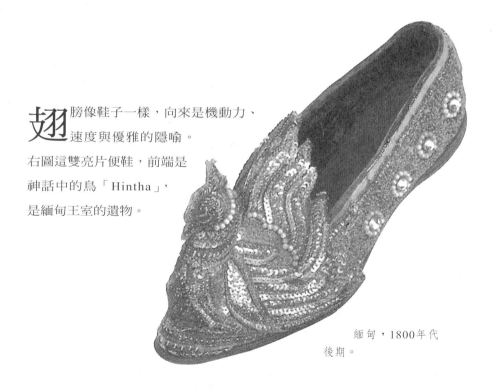

Nancy Giallombardo的「北京騾子」，1994年。

翅膀像鞋子一樣，向來是機動力、
速度與優雅的隱喻。
右圖這雙亮片便鞋，前端是
神話中的鳥「Hintha」，
是緬甸王室的遺物。

緬甸，1800年代
後期。

藝術家詮釋「彷彿腳上長出翅膀」，卡隆納希（Giuseppe Calonaci）以這雙黃金高跟鞋，向希臘眾神的使者赫密斯致敬，傳說他的涼鞋上面有翅膀。

Giuseppe Calonaci，1992年。

這雙鞋的絲質鞋面裝飾著精雕細琢的圓形「翡翠」，與大量亮晶晶的假鑽石，是1961年為女星艾娃・嘉娜（Ava Gardner）特製。

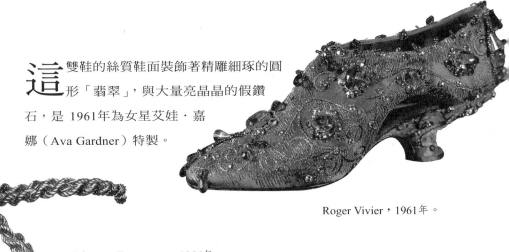

Roger Vivier，1961年。

Salvatore Ferragamo，1956年。

費拉加莫這雙驚人的涼鞋有18K金絲製成的繫帶，帶子末端飾以微型鈴鐺，每雙要價一千美元，在1950年代是前所未聞的天價。

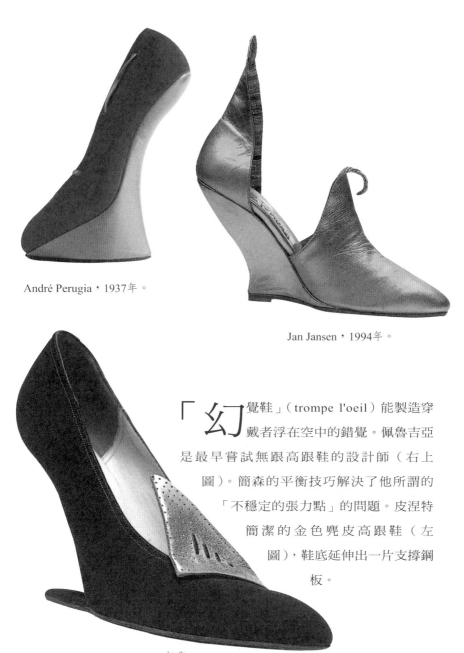

André Perugia，1937年。

Jan Jansen，1994年。

「幻覺鞋」（trompe l'oeil）能製造穿戴者浮在空中的錯覺。佩魯吉亞是最早嘗試無跟高跟鞋的設計師（右上圖）。簡森的平衡技巧解決了他所謂的「不穩定的張力點」的問題。皮涅特簡潔的金色麂皮高跟鞋（左圖），鞋底延伸出一片支撐鋼板。

François Pinet，1950年代。

電影里程碑：茱蒂·嘉蘭在1939年的經典鉅片中扮演桃樂絲所穿的紅色亮片高跟鞋，把她帶到神奇的奧茲王國，1988年在拍賣會上被匿名影迷以16.5萬美元買下。

Adrian，1939年。

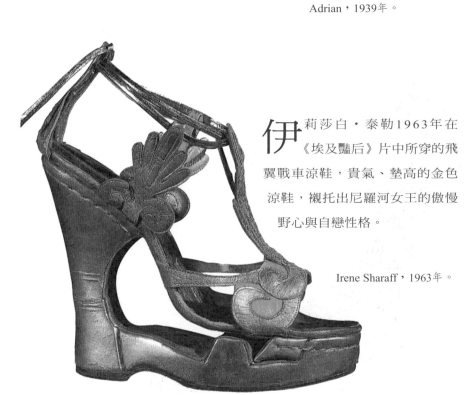

伊莉莎白·泰勒1963年在《埃及豔后》片中所穿的飛翼戰車涼鞋，貴氣、墊高的金色涼鞋，襯托出尼羅河女王的傲慢野心與自戀性格。

Irene Sharaff，1963年。

灰姑娘的復仇：麻雀變鳳凰的玻璃鞋引發了許多當代藝術家的戲謔詮釋，列斯·哈根（Lars Hagen）用玻璃與鏡子碎片拼貼成這雙鞋，暗示不合腳的鞋子所隱含的虛榮與痛苦。

Lars Hagen，1991。

「我在午夜掉了鞋子不是意外，我心中知道這麼小的腳，一定會讓求偶的王子深深著迷⋯⋯從來沒有人看過我的這一面，我是『可憐』的灰姑娘。」──女星露西安娜·波卡迪（Luciana Boccardi）

Samuele Mazza，1992年。

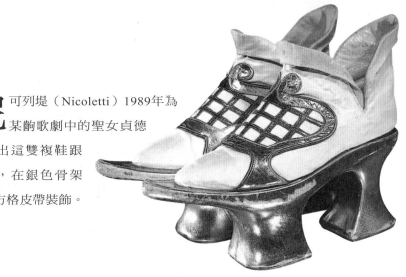

尼 可列堤（Nicoletti）1989年為
某齣歌劇中的聖女貞德
設計出這雙複鞋跟
的鞋，在銀色骨架
上用方格皮帶裝飾。

Odette Nicoletti，1989年。

陳 沖在《末代皇帝》片中穿的金色高蹺
鞋，邊緣用珍珠裝飾，鞋跟鑲有金龍圖
騰，實際根據古文物複製而來。設計師詹姆士·阿赫森
（James Acheson）就憑這些貴氣又逼真的清代古裝，榮
獲奧斯卡獎。

James Acheson，1987年。

女 性的最愛，Blahnik
這雙輕如鴻毛的絲質
便鞋，奢華地用假珍珠裝
飾，再加上細小的奧地利水
晶珠子。

Manolo Blahnik，1996年。

楊托尼的設計充滿浪漫氣息，經常結合罕見的古董蕾絲與文藝復興風格材料。他是最頂級的完美主義者，只為菁英階級服務，巴黎工作室的顧客經常要等上兩年，才能拿到他特製的作品。

Pietro Yantorny，1920年代。

「沒有性魅力的鞋子，就像沒有葉子的樹一樣無聊。」──楊托尼的顧客，社交名媛麗塔·愛寇斯塔·林迪戈（Rita de Acosta Lydig）。

以色列出生的藝術家約娜·列文（Yona Levine）製作這雙夢幻高跟鞋，以展示她珍藏的細小古董玻璃珠。附著在鐵絲骨架上的每顆珠子，都是用手工串成的。

Yona Levine，1984年。

舊衣服上不忍丟棄的美麗蕾絲所具備的美感，啟發了約娜‧列文製作這雙收藏觀賞用的高跟鞋，充滿女人味與神秘感，暗示著光鮮魅力的過往。

Yona Levine，1984年。

道具鞋時間：女星安妮塔‧艾格寶（Anita Ekberg）在《甜蜜生活》（*La Dolce Vita*）片中脫下這雙華麗絲質的高跟鞋，到羅馬的特雷維噴泉（Trevi）裡狂歡。她誘人的服裝，間接突顯了費里尼眼中膚淺墮落的羅馬社會。

Piero Gherardi，1960年。

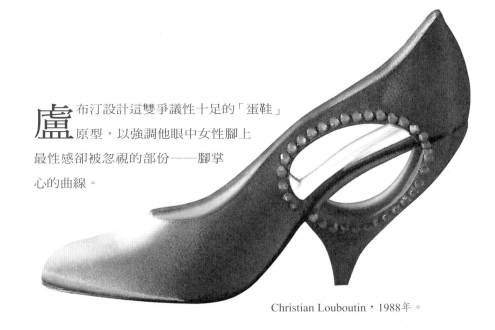

盧布汀設計這雙爭議性十足的「蛋鞋」原型，以強調他眼中女性腳上最性感卻被忽視的部份——腳掌心的曲線。

Christian Louboutin，1988年。

貝絲·列文大膽設計了這款寬大、流線型的「歌舞伎」高跟鞋，製造飛行的錯覺，讓穿的人感覺像是走在半空中。噴射氣流造型挑戰了空間感，列文日後回顧時說：「我應該稱之為『飛機鞋』才對。」

貝絲·列文，1964年。

「鞋的歷史就是無盡的空想與夢幻。」——時尚大師柯林·麥道威爾（Colin McDowell）

貝絲·列文，1964年。

時尚大師
貝絲·列文

BETH LEVINE

貝絲·列文的鞋最近較常展示於博物館，而非時髦的商店，但是她的鞋從未喪失革命的氣息。

列文原本任職新聞業與廣告業，後來靠4B尺寸的雙腳，得到在Palter-DeLiso公司擔任鞋類模特兒的工作，該公司在1930年代末，推出露趾的日間高跟鞋，風靡了保守的民眾。

但是她的夢想更加遠大。

「我一直想要做產品設計，」她回憶說，「連晚上都會夢到做鞋子。」她在1944年嫁給商人赫伯特·列文（Herbert Levine），兩年後他們成立了自己的製鞋公司。「赫伯特負責業務，我負責想出誇張的東西娛樂他。」設計師哈爾斯敦、社交名媛貝比·巴瑞（Babe Paley）、女星貝蒂·戴維斯（Bette Davis）與芭芭拉·史翠珊（Barbra Streisand）等領先潮流的人，經常光顧她在曼哈頓的商店。麗莎·明妮莉（Liza Minnelli）需要一雙突破傳統的

賽車型船鞋，1966年。

Spring-O-lator涼鞋，1952年。

貝絲・列文攝於紐約第六大道展售店，1970年。

婚禮鞋，找上了列文，結果得到一雙紅色亮片高跟鞋。南西・辛納屈（Nancy Sinatra）想要一雙能穿著走路的靴子，也是列文做出來的。

她沒有受過正式訓練（「我仍然不會做鞋子，但是閉著眼睛也能指點懂得製鞋的人。」），但總能吸引業界最頂尖的鞋匠跟她合作，繼續用手工雕刻，完美地搭配她常用的異國風皮革。

立體主義包鞋，1967年。

列文能夠準確地預測潮流，又能充分理解諷刺與傳統的美感，因而能夠一再推出大膽的設計。她是最先量產鑲假鑽高跟鞋的人，也在1950年代初期率先推出襪靴與延展性乙烯基靴，比全世界早了整整十年。她用家具的木料製造鞋跟，包括山毛櫸與桃花心木。她不用釘子接合透明的合成樹脂鞋跟，讓透明軟

軟膠與玻璃製成的便鞋，1963年。

膠高跟鞋造型更簡潔。她經常實驗新材料——人工麂
皮、人工草皮與包括蛙皮等動物外皮。她曾經把
錢幣鑲入涼鞋鞋面，並雕出柚木沙拉碗黏上鞋
底。

　　為了製作她最有趣的作品之一
「上空鞋」，她以紅絲綢墊在鞋底
上，並在腳跟與後踵接觸鞋面的地
方打洞，放上吸飽化妝膠的護墊。

麗莎·明妮莉的「紅寶石」便
鞋，1967年。

護墊會黏在腳底，讓鞋跟看起來像是穿戴者腳跟的延伸。「真的
可行！」列文說，「我們甚至有女性穿著它跳舞的影片證明。」

　　雖然她已經在1976年退休，她的夢中仍然充滿了鞋子。她
說：「最近我作了一個惡夢，有人推出才華洋溢的超棒原創系
列，一次比一次好，天啊，我嫉妒死了。當我醒來，
冷靜下來之後，我發現自己就是那個設計師！」

骨架外露的「上空鞋」，1959年。

釘床鞋是虔誠的印度教徒在特殊朝聖旅途中穿的，用來報答眾神的眷顧。

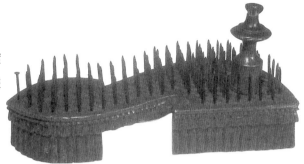

印度，19世紀

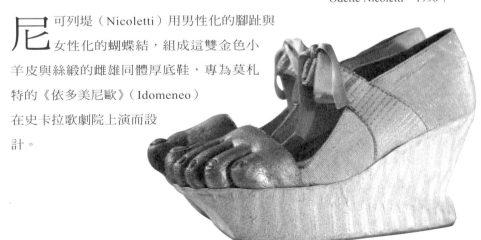

Beth Levine，1967年

列文用人造材料製的鞋跟與塑膠天竺牡丹，裝飾設計出「草地上的絢爛」涼鞋，展現花的魅力。善用新奇材料正是列文的註冊商標。

Odette Nicoletti，1990年。

尼可列堤（Nicoletti）用男性化的腳趾與女性化的蝴蝶結，組成這雙金色小羊皮與絲緞的雌雄同體厚底鞋，專為莫札特的《依多美尼歐》（Idomeneo）在史卡拉歌劇院上演而設計。

魏茲曼為了他的後代，保留下他設計的第一雙鞋子，像童鞋一樣鍍銅處理。

史都華‧魏茲曼，1964年。

「要讓一雙美腿顯得好看，甚至完美，人類還沒有發明出比高跟鞋更適用的東西。」——設計師史都華‧魏茲曼。

Andrea Pfister，1979年。

這雙短靴是為了仿諷知名的詼諧歌舞劇藝人愛爾‧傑森（Al Jolson）而設計。

「當妳穿上我的鞋，不可能不露出微笑。」——設計師安德瑞亞‧皮菲斯特。

為了歌頌工業，佩魯吉亞這雙高跟鞋用玫瑰形齒輪飾物與扭轉的鋼條鞋跟，呈現機械時代的感覺。

André Perugia，1950年。

魏斯伍德用束口式的麂皮鞋袋，搭配她土黃色的「水牛女郎」系列包鞋。

Lawler Duffy，1990年。　　Vivienne Westwood，1983年。

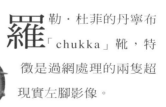

羅勒‧杜菲的丹寧布「chukka」靴，特徵是過網處理的兩隻超現實左腳影像。

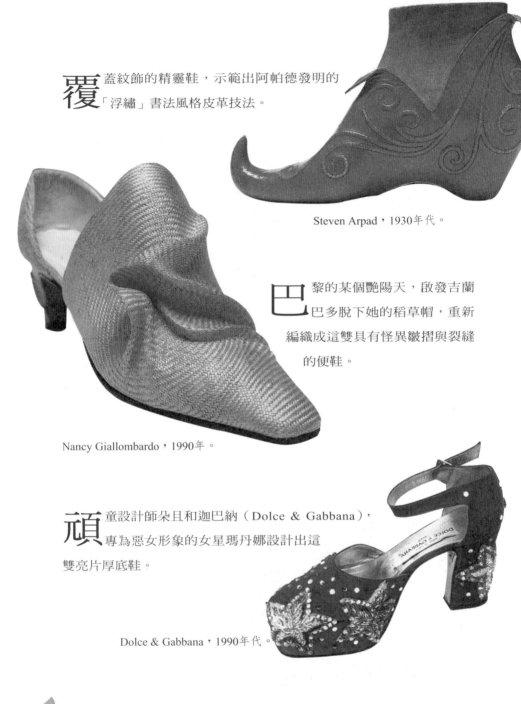

覆 蓋紋飾的精靈鞋,示範出阿帕德發明的
「浮繡」書法風格皮革技法。

Steven Arpad,1930年代。

巴 黎的某個艷陽天,啟發吉蘭
巴多脫下她的稻草帽,重新
編織成這雙具有怪異皺摺與裂縫
的便鞋。

Nancy Giallombardo,1990年。

頑 童設計師朵且和迦巴納(Dolce & Gabbana),
專為惡女形象的女星瑪丹娜設計出這
雙亮片厚底鞋。

Dolce & Gabbana,1990年代。

斯伍德設計這雙「陰莖鞋」作為她的「情色特區」系列作，用來嘲諷12世紀男女穿的加長尖頭鞋。

Vivienne Westwood，1995年。

佩魯吉亞的魚型高跟鞋，有加長的鞋面與裝飾性「鱗片」，用來向法國立體派藝術家喬治‧布拉克（Georges Braque）致敬。

André Perugia，1931年。

貝涅斯（Barton Lidice Benes）用紙糊技巧創造了這隻鞋，材料來源是聯邦儲備理事會致贈的銷毀鈔票碎片。

Barton Lidice Benes，1984年。

羅莎·菲厄（Rosa Fiore）利用舊信封拼貼成這雙郵票懶人鞋。她說：「鞋子是運動與旅行的字面與具體象徵，用郵票來製鞋似乎非常搭調。」

Rosa Fiore，1993年。

丹麥靜物攝影師海利曼（Heilmann）把花卉蔬菜轉變成夢幻鞋子，創造出短暫的「植物設計」風潮。便宜的韭蔥各部位構成了這雙高跟鞋。

Stine Heilmann，1996年。

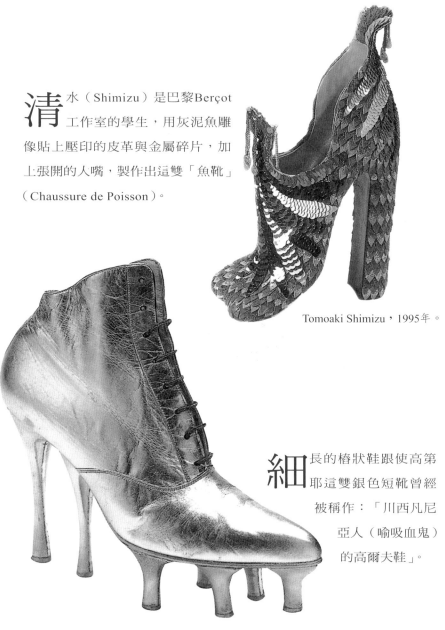

清水（Shimizu）是巴黎Berçot工作室的學生，用灰泥魚雕像貼上壓印的皮革與金屬碎片，加上張開的人嘴，製作出這雙「魚靴」（Chaussure de Poisson）。

Tomoaki Shimizu，1995年。

細長的樁狀鞋跟使高第耶這雙銀色短靴曾經被稱作：「川西凡尼亞人（喻吸血鬼）的高爾夫鞋」。

Jean-Paul Gaultier，1993年。

波恩（Gaza Bowen）這雙「寶寶
需要新鞋」是用骰子與其他特殊
物品製作的實穿系列之一。「小女人的
鞋」（下圖）是女性主義對傳統女性角色
的嘲諷，用絲瓜布、海綿、馬桶刷子製
成。

Gaza Bowen，1983年。

Gaza Bowen，1986年。

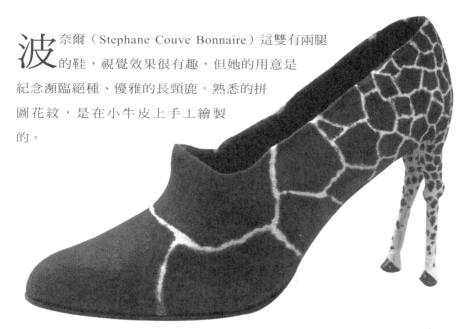

波奈爾（Stephane Couve Bonnaire）這雙有兩腿
的鞋，視覺效果很有趣，但她的用意是
紀念瀕臨絕種、優雅的長頸鹿。熟悉的拼
圖花紋，是在小牛皮上手工繪製
的。

Stephane Couve Bonnaire，1996年。

卡達布拉（Thea Cadabra）的亮面皮
革「女佣鞋」，充滿俏皮、純真與
隱藏的性感，是女性對男人性幻想的詮
釋。曲線玲瓏的豐滿雙腿構成鞋跟，上
面是扇形荷葉邊的白色蝴蝶結，女佣
的「圍裙」則是保護腳趾的鞋頭。

Thea Cadabra，1980年。